U0247528

小眼睛看世界

宇宙大百科

李唐文化工作室／编

吉林摄影出版社
·长春·

图书在版编目（CIP）数据

宇宙大百科 / 李唐文化工作室编. — 长春 ：吉林摄影出版社，2018.10（2022.6 重印）
（小眼睛看世界）
ISBN 978-7-5498-3795-3

Ⅰ. ①宇… Ⅱ. ①李… Ⅲ. ①宇宙－少儿读物 Ⅳ. ① P159-49

中国版本图书馆 CIP 数据核字 (2018) 第 223068 号

XIAO YANJING KAN SHIJIE YUZHOU DA BAIKE

小眼睛看世界 宇宙大百科

编　　者：李唐文化工作室
出 版 人：车　强
责任编辑：岳青霞
责任校对：刘　佳
封面设计：李唐文化工作室
开　　本：880mm × 1230mm　　1/20
印　　张：6
字　　数：150 千字
版　　次：2018 年 10 月第 1 版
印　　次：2022 年 6 月第 7 次印刷
出　　版：吉林摄影出版社
发　　行：吉林摄影出版社
地　　址：长春市净月高新技术产业开发区福祉大路 5788 号龙腾国际大厦 A 座 17 楼
邮　　编：130118
电　　话：总编办：0431-81629821
　　　　　发行科：0431-81629829
网　　址：www.jlsycbs.net
印　　刷：吉林省科普印刷有限公司
书　　号：ISBN 978-7-5498-3795-3
定　　价：24.80 元

目录 Contents

宇宙

奇妙的星空

我们的太阳系

永不止步的探索

宇宙

宇宙就是我们生活在其中的整个世界以及世界以外的一切事物。宇宙包括所有的恒星、行星、星系、星系群、暗物质和暗能量等，直径估计有1000亿光年。人类目前所能观测到的宇宙，其实只是宇宙很小的一部分。

地球位于太阳系中，太阳系是银河系的一部分，而银河系中有超过1000亿颗恒星。如此说来，我们的家园地球在浩瀚的宇宙中不过是沧海一粟。

yǔ zhòu de dàn shēng

宇宙的诞生

dà duō shù tiān wén xué jiā rèn wéi yǔ zhòu zhōng de suǒ yǒu wù zhì qǐ xiān

大多数天文学家认为，宇宙中的所有物质起先

dōu shì jù hé zài yī qǐ de shì yī tuán bù dà de wù zhì dà yuē zài yì nián qián

都是聚合在一起的，是一团不大的物质。大约在137亿年前

fā shēng le yī cháng dà bào zhà xíng chéng le zuì chū de yǔ zhòu tā xiàng sì miàn bā fāng péng

发生了一场大爆炸，形成了最初的宇宙，它向四面八方膨

zhàng zài jí duǎn de shí jiān nèi chǎn shēng le qīng hài děng dāng qián yǔ zhòu de zhǔ yào zǔ

胀，在极短的时间内，产生了氢、氦等当前宇宙的主要组

经过相当漫长的时间之后，大爆炸产生的碎片结合在一起，形成了各处星系。今天，各个星系仍然在以很快的速度分离，宇宙还在不断地膨胀。

xīng xì
星系

yǔ zhòu zhōng yǒu xǔ duō jù dà de xīng qún， wǒ men bǎ tā men jiào zuò xīng xì。 xīng xì jiù xiàng yī zuò yóu xǔ duō xīng xing zǔ chéng de dà chéng shì。 zhěng gè xīng xì wéi rào zhe zhōng xīn xuán zhuǎn， yě zài cháo zhe mǒu gè fāng xiàng yùn dòng。 xīng xì zhǔ yào yǒu sān zhǒng xíng zhuàng， fēn bié shì bù guī zé xīng xì、 tuǒ yuán xíng xīng xì hé xuán wō xīng xì。

宇宙中有许多巨大的星群，我们把它们叫作星系。星系就像一座由许多星星组成的大城市。整个星系围绕着中心旋转，也在朝着某个方向运动。星系主要有三种形状，分别是不规则星系、椭圆形星系和旋涡星系。

cǎo mào xīng xì wèi yú shì nǚ zuò zhōng yāng shì lóng qǐ de míng liàng de hé hé fù jìn yǒu
草帽星系位于室女座，中央是隆起的明亮的核，核附近有
xiàng cǎo mào de mào yán bān xiàng sì zhōu fú shè de yǔ zhòu huī chén hǎo sì yī dǐng mò xī gē cǎo mào
像草帽的帽檐般向四周辐射的宇宙灰尘，好似一顶墨西哥草帽。

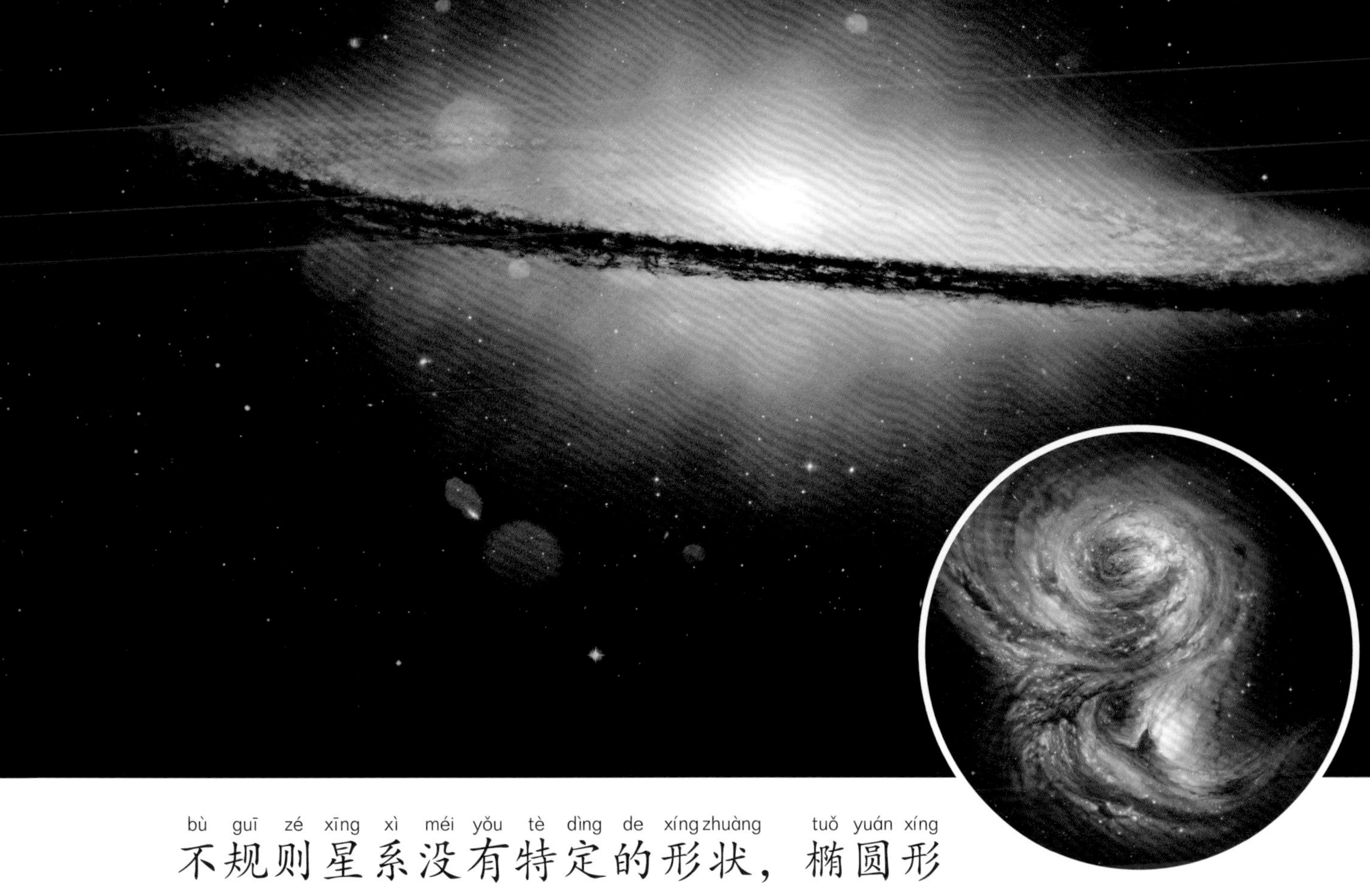

bù guī zé xīng xì méi yǒu tè dìng de xíng zhuàng tuǒ yuán xíng
不规则星系没有特定的形状，椭圆形
xīng xì xiàng jī dàn xuán wō xīng xì cóng cè miàn kàn jiù xiàng shì liǎng gè tiē zài yī qǐ de jiān
星系像鸡蛋，旋涡星系从侧面看就像是两个贴在一起的煎
dàn yín hé xì shǔ yú xuán wō xīng xì cóng yín hé xì shàng fāng kàn tā jiù xiàng shì yī gè
蛋。银河系属于旋涡星系，从银河系上方看，它就像是一个
dài yǒu xǔ duō tiáo xuán bì de xuán wō
带有许多条旋臂的旋涡。

星云

星云是一团巨大的、由气体和尘埃组成的、云雾状的旋转天体。按形态划分，星云可分为弥漫星云、行星状星云和超新星遗迹；按发光性质划分，星云可分为发射星云、反射星云和暗星云。

mǎ tóu xīng yún wèi
马头星云位
yú liè hù zuò xíng rú
于猎户座，形如
mǎ de tóu bù zhōu wéi
马的头部，周围
yǒu hóng sè de huī guāng
有红色的辉光。

méi gui xīng yún
玫瑰星云
wèi yú qí lín zuò
位于麒麟座，
shì yī gè fā shè xīng
是一个发射星
yún xíng rú zhàn fàng
云，形如绽放
de hóng sè méi gui
的红色玫瑰。

yīng zhuàng xīng yún wèi yú jù
鹰状星云位于巨
shé zuò nèi yǒu sān gè xíng rú zhù
蛇座，内有三个形如柱
zi de xíng xiàng chēng wéi chuàng shēng
子的形象，称为创生
zhī zhù
之柱。

xīng tuán

星团

yóu yú wàn yǒu yǐn lì de
由于万有引力的
zuò yòng shí jǐ kē shèn zhì shàng
作用，十几颗甚至上
bǎi wàn kē héng xīng jù jí chéng de
百万颗恒星聚集成的
héng xīng jí tuán chēng wéi xīng tuán
恒星集团称为星团，
fēn wéi qiú zhuàng xīng tuán hé shū
分为球状星团和疏
sàn xīng tuán
散星团。

qiú zhuàng xīng tuán yóu chéng qiān shàng wàn kē chǔ yú yǎn
球状星团由成千上万颗处于演
huà mò qī de héng xīng gòu chéng tā men bèi xiāng hù jiān de
化末期的恒星构成，它们被相互间的
yǐn lì shù fù zài yī qǐ xíng zhuàng jiē jìn qiú xíng
引力束缚在一起，形状接近球形，
rú wǔ xiān zuò jiù shì yī gè zhù míng de qiú zhuàng
如武仙座 M92 就是一个著名的球状
xīng tuán
星团。

shū sàn xīng tuán yī bān zhǐ yǒu jǐ bǎi huò jǐ qiān kē
疏散星团一般只有几百或几千颗
héng xīng jié gòu jiào wéi sōng sǎn yóu yú gè fāng miàn de yǐng
恒星，结构较为松散。由于各方面的影
xiǎng shū sàn xīng tuán yǒu kě néng huì zhú jiàn wǎ jiě
响，疏散星团有可能会逐渐瓦解。

mǎo xīng tuán yòu chēng jīn niú zuò
昴星团又称金牛座 M45，
hán yǒu chāo guò kē de héng xīng ròu yǎn
含有超过 3000 颗的恒星，肉眼
kě jiàn de liàng xīng yǒu liù dào qī kē zài xī fāng
可见的亮星有六到七颗。在西方
shén huà zhōng mǎo xīng tuán shì qíng tiān de tài tǎn jù
神话中，昴星团是擎天的泰坦巨
shén ā tè lā sī de qī gè nǚ ér suǒ yǐ yě
神阿特拉斯的七个女儿，所以也
jiào qī jiě mèi xīng tuán
叫“七姐妹星团”。

yín hé xì
银河系

yǒu shí hou wǒ men zài yè kōng zhōng kě yǐ kàn dào yī tiáo yín bái sè de guāng dài
有时候，我们在夜空中可以看到一条银白色的光带，
xiàng yī tiáo liú tǎng de hé yín hé xì yīn cǐ ér dé míng yín hé xì shì wǒ men rén lèi shēng
像一条流淌的河，银河系因此而得名。银河系是我们人类生
huó zài qí zhōng de xīng xì tā yóu xǔ duō xīng xing zǔ chéng xíng zhuàng xiàng yī gè jù dà de
活在其中的星系，它由许多星星组成，形状像一个巨大的
pán zi zhōng xīn chēng wéi yín hé sì zhōu chēng wéi yín pán wǒ men suǒ zài de tài yáng xì
盘子，中心称为银核，四周称为银盘。我们所在的太阳系
wèi yú yín hé xì de xuán bì shang jù lí yín hé xì de hé xīn chāo guò wàn guāng nián
位于银河系的旋臂上，距离银河系的核心超过 2.6 万光年。

zài zhōng guó gǔ dài rén men bǎ yín hé shì wéi tiān shàng de
在中国古代，人们把银河视为天上的
hé liú hái xiǎng xiàng chū niú láng zhī nǚ què qiáo xiāng huì de shén huà gù
河流，还想象出牛郎织女鹊桥相会的神话故
shi xī fāng rén zé rèn wéi yín hé shì tiān hòu wèi yǎng yīng ér shí liú
事。西方人则认为银河是天后喂养婴儿时流
tǎng chū lái de rǔ zhī yīng wén zhōng de yín hé
淌出来的乳汁。英文中的银河——“Milky
jiù shì rǔ zhī zhī lù de yì si
Way”就是“乳汁之路”的意思。

héng xīng de yǎn huà
恒星的演化

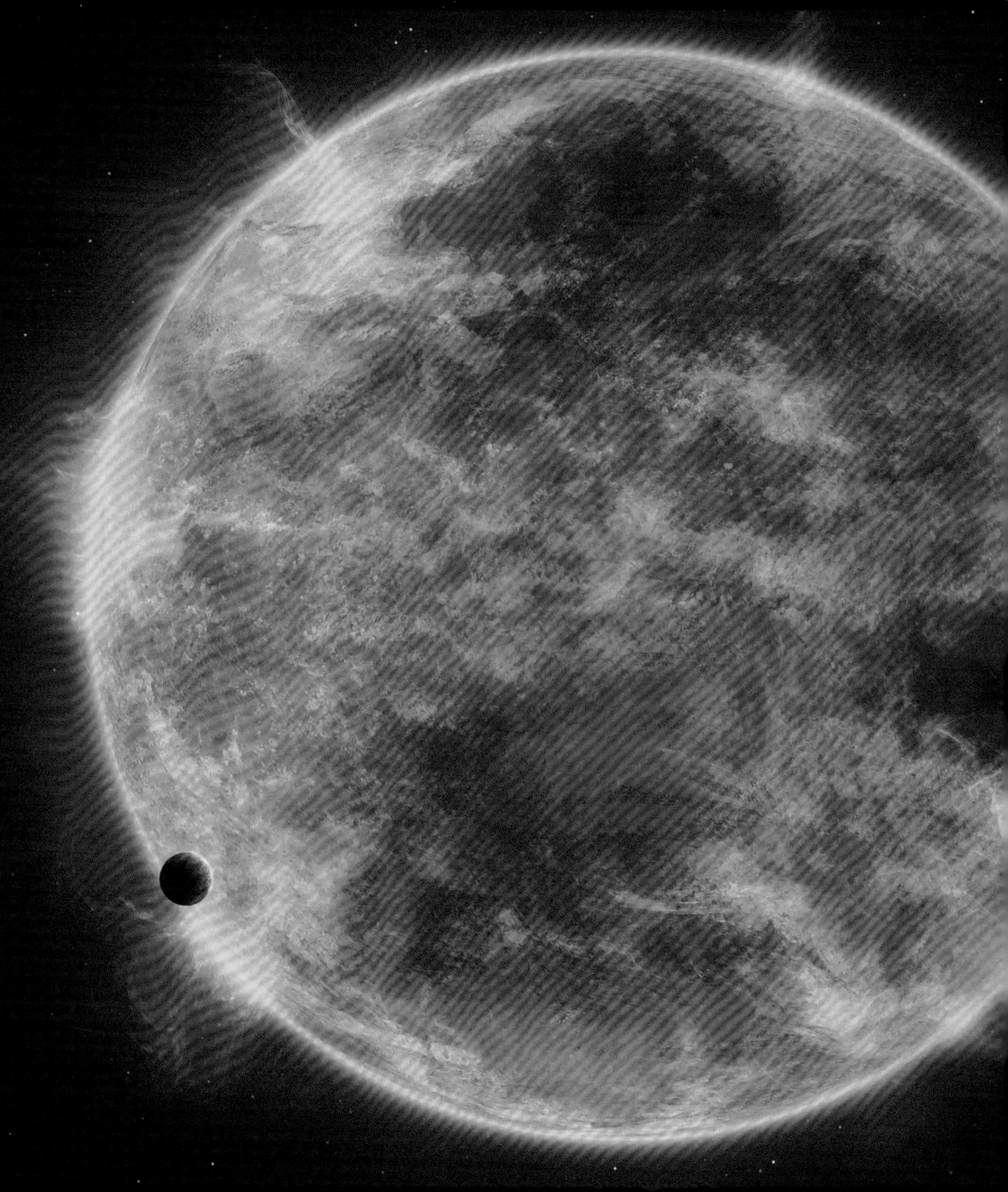

yǔ zhòu zhōng rèn hé shí hou dōu huì yǒu xīn de héng xīng chǎn shēng xīng yún shì yùn yù héng xīng de wēn chuáng suǒ yǒu de héng xīng dàn shēng zhī hòu jīng guò màn cháng de shēng mìng qī zuì zhōng dōu huì sǐ wáng

宇宙中任何时候都会有新的恒星产生，星云是孕育恒星的温床。所有的恒星诞生之后，经过漫长的生命期，最终都会死亡。

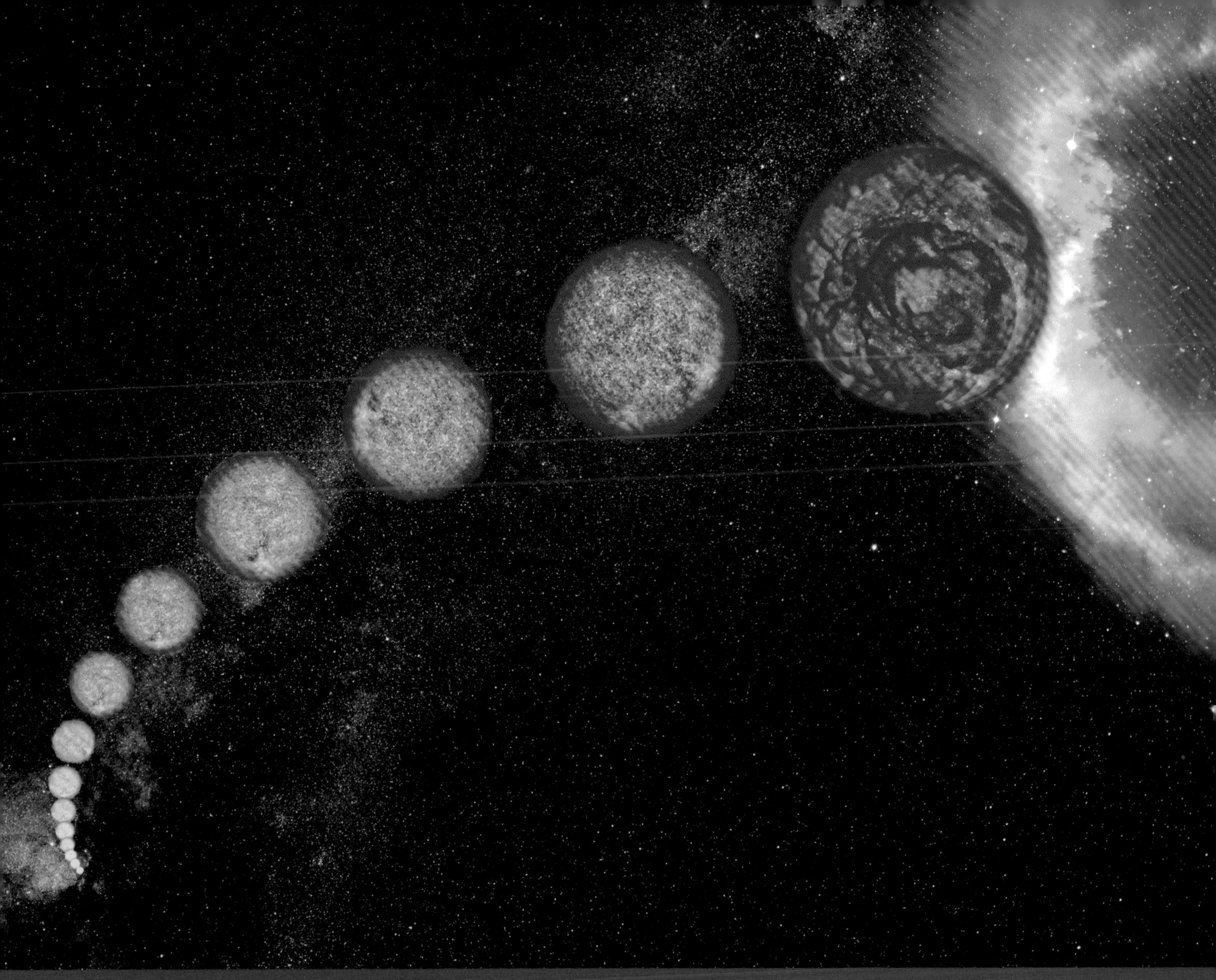

恒星从诞生时起，内部一直进行着热核反应，并消耗着自身的燃料。燃料逐步耗尽，恒星的演化也会逐步停止。通常，恒星的质量越大，燃烧的速度也越快，寿命就越短。多数恒星的寿命在10亿年至100亿年之间。

wǒ men shú xi de tài yáng shì yī
我们熟悉的太阳是一
kē héng xīng fēn lèi shang shǔ yú huáng ǎi
颗恒星，分类上属于黄矮
xīng tā xíng chéng yú yì nián qián
星，它形成于46亿年前，
zài màn cháng de yī shēng zhōng jī hū
在漫长的一生中，几乎
yī zhí huì fā chū héng dìng de guāng
一直会发出恒定的光。
dà yuē zài guò yì nián tài yáng jiù huì jìn
大约再过50亿年，太阳就会进
rù wǎn nián tā de shēn tǐ huì jiàn jiàn péng zhàng biàn wéi hóng sè tǐ jī
入晚年，它的身体会渐渐膨胀，变为红色，体积
huì bǐ yuán lái zēng dà bèi biàn chéng hóng jù xīng
会比原来增大100倍，变成红巨星。

当红巨星把所有的能量全部耗尽之后，便开始收缩，成为一颗白矮星。它的体积缩小到原来的万分之一，但温度依然非常高。再过几十亿年，恒星的生命结束了，它从白矮星变成了黑矮星，就像一粒没有一丝热量的黑色煤渣。

小质量恒星步入老年后，会形成行星状星云；大质量恒星在生命末期会发生猛烈的爆发，最终留下超新星遗迹。

褐矮星和红矮星

褐矮星也叫棕矮星，是恒星的一种，质量介于最小恒星与最大行星之间，是构成类似恒星、但不能像太阳那样燃烧的星体，也被称为“失败的恒星”。

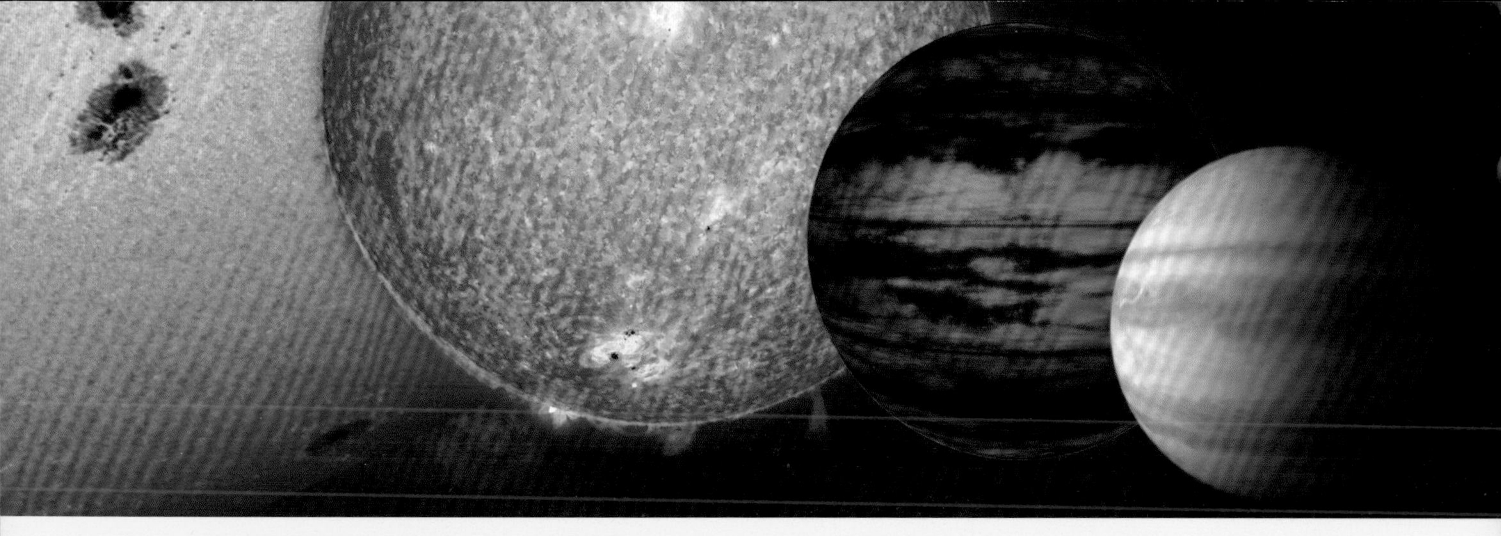

褐矮星与行星的重要区别是，褐矮星会发光，最初能发射红光和红外线，充分冷却后发射红外线和X射线。红外线和X射线都是不可见光，肉眼看不到，寻找褐矮星要使用红外望远镜。

红矮星也是恒星的一种，表面温度低，颜色偏红，质量在0.8个太阳质量以下，105个木星质量以上。比邻星是除太阳外最接近地球的恒星，它就是一颗红矮星。

类星体
lèi xīng tǐ

类星体是一种类似恒星的天体，极其明亮耀眼，距离地球极远，又称似星体、类星射电源。关于它的理论，很多都是推测。

lèi xīng tǐ shì yī zhǒng lèi sì héng xīng de tiān tǐ, jí qí míng liàng yào yǎn, jù lí dì qiú jí yuǎn, yòu chēng sì xīng tǐ, lèi xīng shè diàn yuán. guān yú tā de lǐ lùn, hěn duō dōu shì tuī cè.

类星体比一般的星系小，形状像一个盘子，中心是一个黑洞，不断吞噬着周围的一切恒星和星际物质，并从“盘子”的中心向外喷射巨大的能量，包括强烈的 X 射线、伽马射线等。银河系中没有类星体，最近的类星体距离地球有 100 亿光年，人类观察到的类星体，很可能是它们 100 亿年以前的样子。

类星体可能是星系演化早期普遍经历的一个阶段。随着星系核心附近的“燃料”逐渐耗尽，类星体将会演化成普通的旋涡星系和椭圆星系。

星际有机分子

有机物原本指与生物体有关或来自生物体的物质，组成有机物的分子称为有机分子，有机分子是生命的基础。地球上的生命起源于哪里？最初的有机分子来自哪里？一直是一个难解之谜。

恒星之间存在着大量由气体和尘埃组成的星际物质。上个世纪，人们通过射电望远镜，发现宇宙中存在着甲醛等有机分子。据此推测，地球上最初的有机分子、最初的生命可能就源于宇宙。

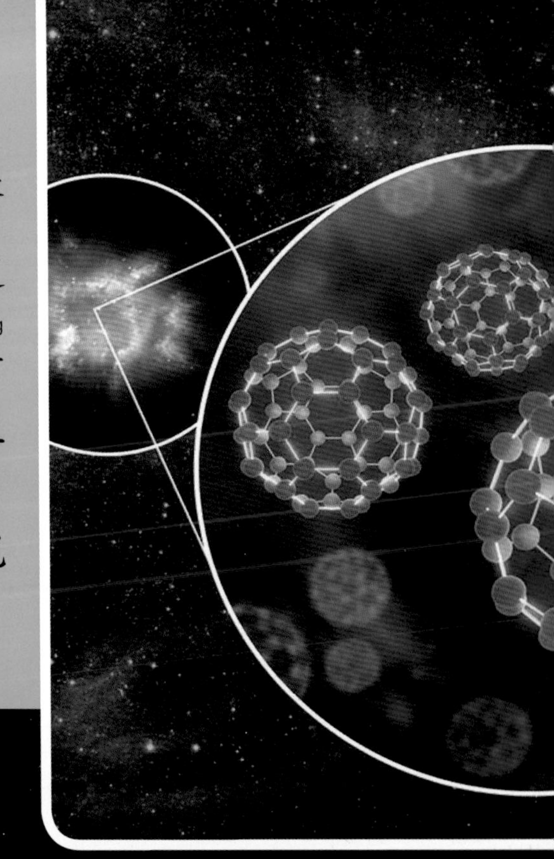

星际有机分子的发现有助于帮助人类了解星云及恒星的演变过程，同时也增大了外星生命存在的可能性。

中子星和脉冲星

中子星是恒星演化到末期的产物，和白矮星类似，但形成中子星的恒星质量更大。脉冲星是中子星的一种，直径大多 10 千米左右，自转极快，会周期性地发射脉冲信号。

1967年，天文学家接收到了一种奇怪的电波，这种电波每一两秒钟发射一次，就像人的脉搏跳动一样，即脉冲。很多人把这种脉冲当成是宇宙人发射的信号，轰动一时。

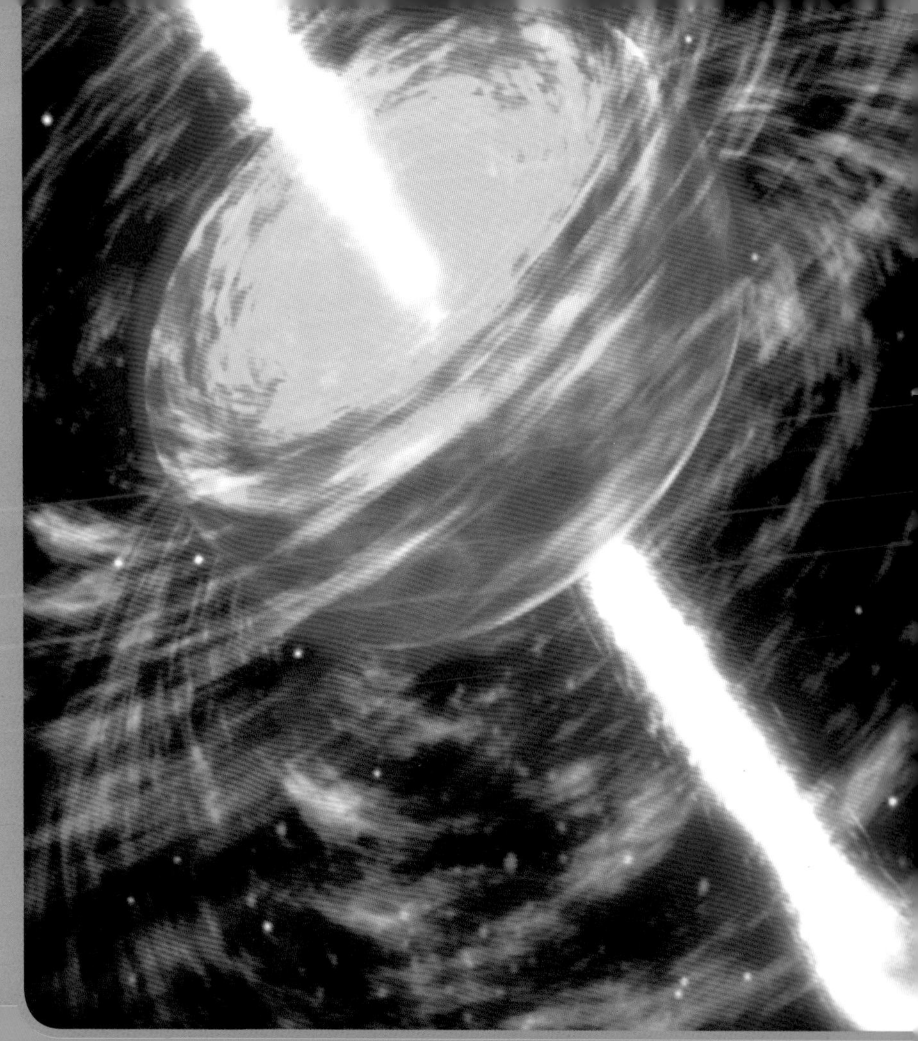

英国科学家休伊什研究表明，脉冲来自一种前所未知的特殊恒星，即脉冲星。这一新发现使休伊什获得了诺贝尔奖。

gā mǎ shè xiàn bào
伽马射线暴

gā mǎ shè
伽马射
xiàn shì yī zhǒng yǒu hěn
线是一种有很
qiáng chuān tòu lì de diàn cí
强穿透力的电磁
bō yòu chēng gā mǎ lì zǐ
波，又称伽马粒子
liú lái zì tiān kōng zhōng de gā
流。来自天空中的伽
mǎ shè xiàn zài duǎn shí jiān nèi tū
马射线在短时间内突
rán zēng qiáng suí hòu yòu xùn sù jiǎn
然增强，随后又迅速减
ruò de xiàn xiàng chēng wéi gā mǎ
弱的现象称为伽马
shè xiàn bào yòu chēng gā
射线暴，又称伽
mǎ bào
马暴。

伽马射线暴是宇宙中最剧烈的爆炸，巨大恒星在生命耗尽时会坍缩爆炸产生伽马射线暴，两颗邻近的致密星体——比如黑洞或中子星——合并也会产生伽马射线暴。

伽马射线暴持续时间短的只有千分之一秒，长的也只有几个小时。但这一过程会释放出巨大的能量，相当于万亿年太阳光的总和。

宇宙中伽马射线暴几乎每天都在发生，方向是随机的，如果某个拥有生命的天体处于伽马射线暴的释放路径上，就可能会造成生命灭绝。

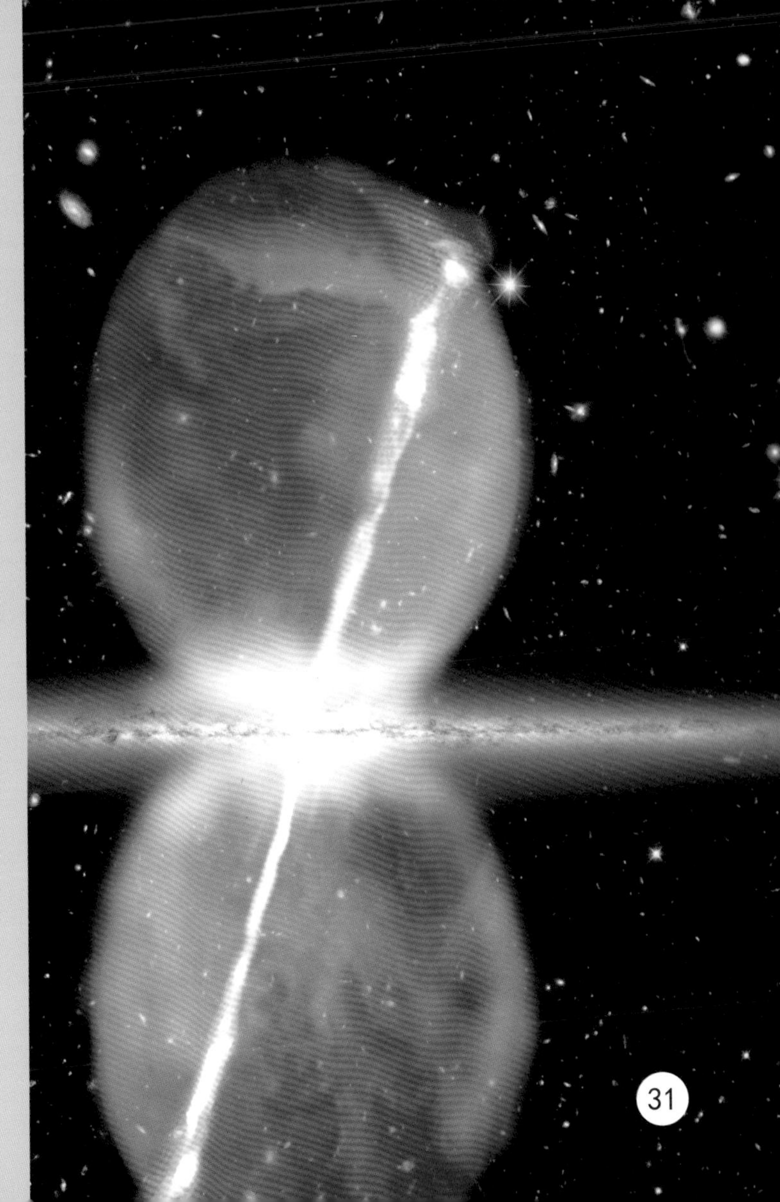

暗物质

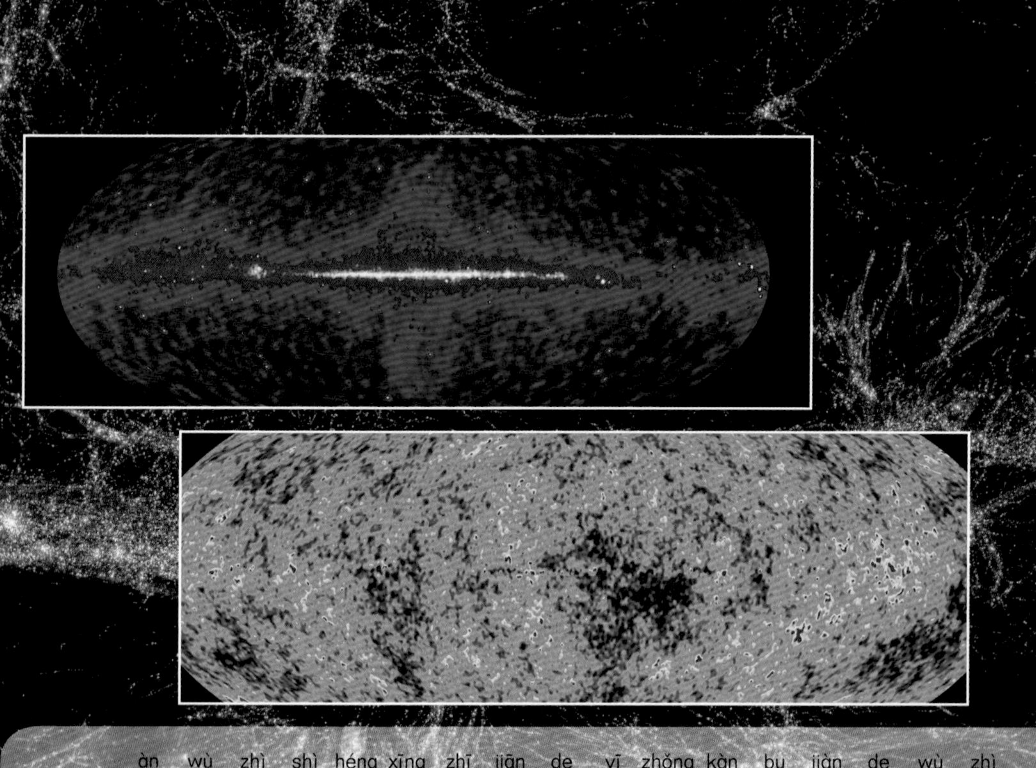

暗物质是恒星之间的一种看不见的物质，可能是宇宙物质的主要组成部分，具有一定的引力，能使光线弯曲。

2015年，我国发射了用来寻找暗物质的悟空号卫星，它具有能量分辨率高、测量能量范围大等优势，将中国的暗物质探测提升到了新的水平。

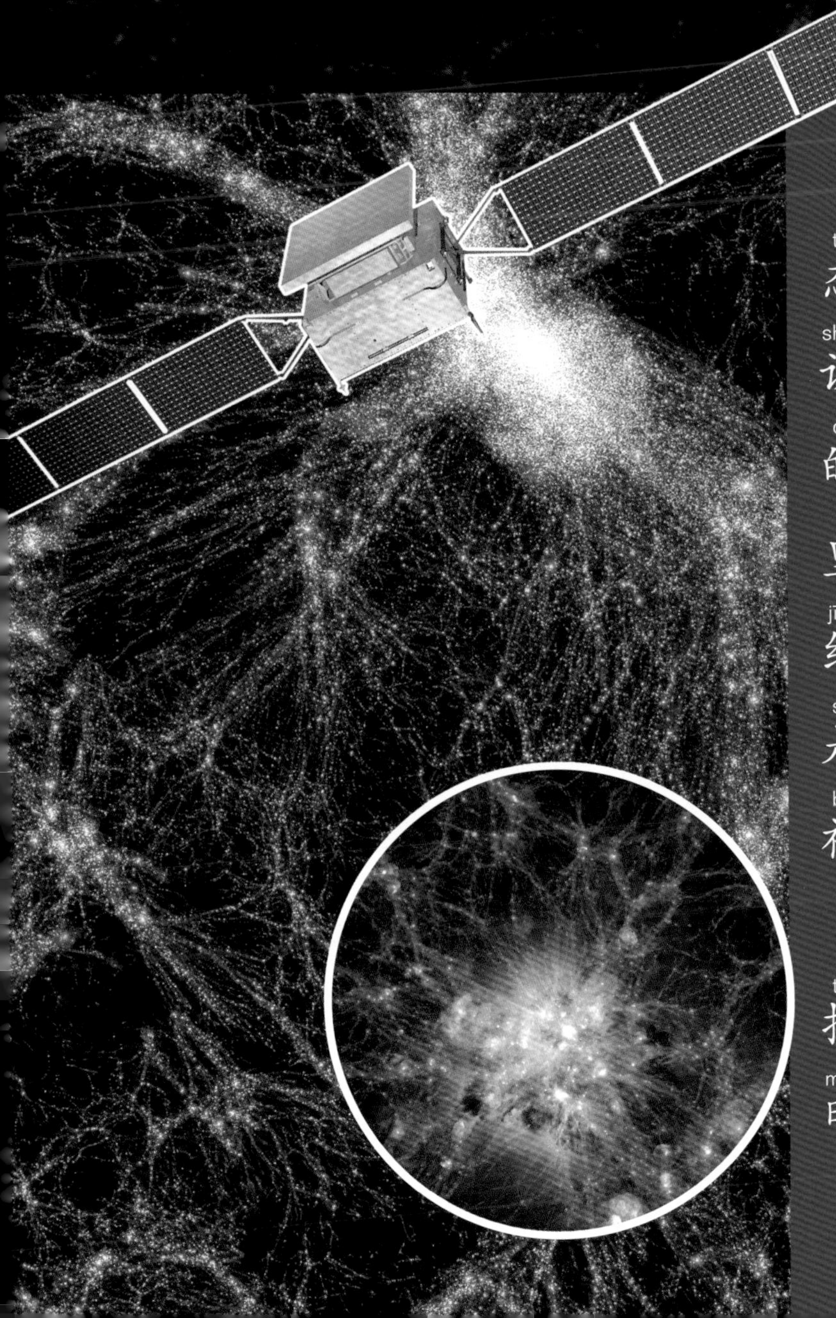

科学家对暗物质的形态做出了许多猜想。有人说它是弥散在宇宙空间里的气体，有人说它是宇宙里的尘埃，有人猜它是已经变暗的死星，甚至可能是黑洞。这些猜想都没有被普遍认可。

暗物质还没有被直接探测到，但有大量证据表明它们是存在的。

黑洞

一颗巨大的恒星死亡后会变成黑洞。它在耗尽所有的能量后，开始坍缩，体积越来越小，而密度却越来越大，最后形成一个引力非常强的区域——在这个区域里，物质只进不出，连光都无法逃逸出来。

宇宙中所有的物体都有彼此吸引对方的力量，这就叫“引力”。恒星在变成黑洞的过程中，其引力非常巨大，能将恒星本身向内牵拉，直至其完全坍缩，最后成为黑洞。

黑洞密度极大，黄豆大小的一块黑洞物质，质量就和整个地球相当。

按照斯蒂芬·霍金对广义相对论的研究，黑洞附近会有一个很有意思的现象，就是时间变慢。由于黑洞强大的引力，如果航天员有机会从母舰乘子舰飞到黑洞附近，然后再迅速飞出，对他来说只过去几小时，而对留在母舰上的同伴而言，却是过去了几十年。

shuāng xīng

双星

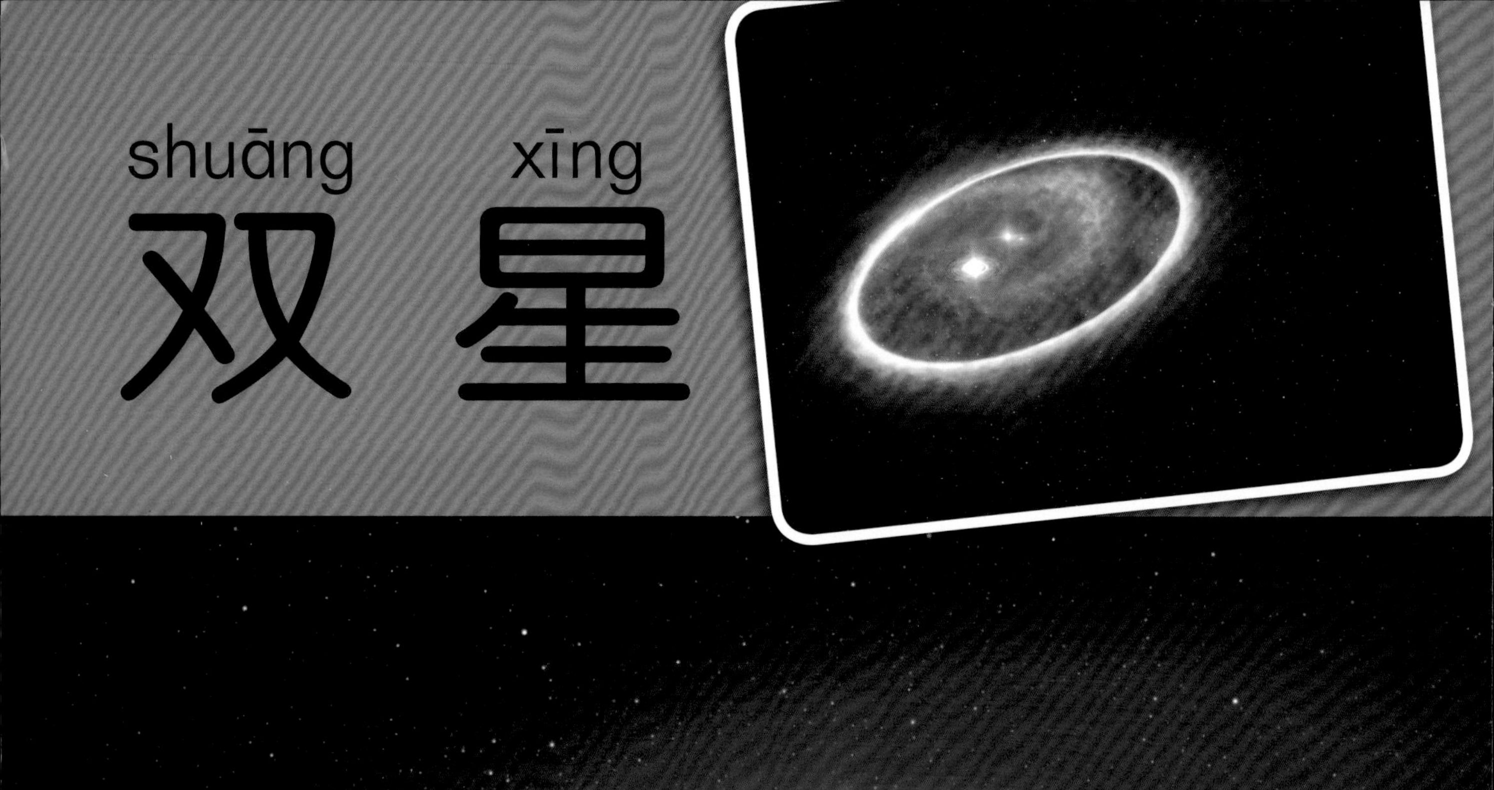

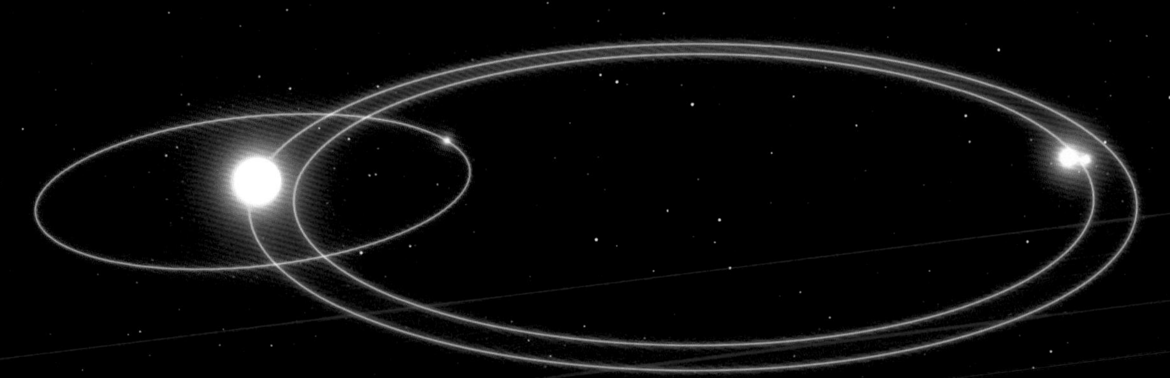

chú shuāng xīng wài hái yǒu yī kē héng xīng wéi rào lìng yī kē héng xīng yùn dòng dì sān
除双星外，还有一颗恒星围绕另一颗恒星运动、第三

kē héng xīng yòu wéi rào tā men yùn dòng de chēng wéi sān hé xīng yī cǐ lèi tuī
颗恒星又围绕它们运动的，称为三合星。依此类推，

hái yǒu sì hé xīng wǔ hé xīng děng děng dōu chēng wéi jù xīng
还有四合星、五合星等等，都称为聚星。

yè kōng dì yī liàng xīng tiān láng xīng hé dì bā
夜空第一亮星天狼星和第八

liàng xīng nán hé sān dōu shì shuāng xīng dà
亮星南河三都是双星，大

líng wǔ shì gè sān hé xīng wèi
陵五是个三合星，位

yú yīng xiān zuò yīng xiān zuò xíng
于英仙座，英仙座形

rú tí zhe měi dù shā tóu lú de yīng
如提着美杜莎头颅的英

xióng pò ěr xiū sī dà líng wǔ zhèng shì
雄珀耳修斯，大陵五正是

měi dù shā de yǎn jing
美杜莎的“眼睛”。

奇妙的星空

从地球上看，天空好像一个倒扣在地面上的半球，所有的星星都“粘”在球面上。天文学家把这个假想的球称为天球。天上的星星不计其数，肉眼可见的有6000多颗。

qíng lǎng wú yuè de yè wǎn yǎng wàng xīng kōng zǒng néng chǎn shēng wú xiàn de xiá xiǎng
晴朗无月的夜晚，仰望星空，总能产生无限的遐想。

rén men wèi xīng xing qǔ le míng zi hái yòng shén huà hé shī gē lái zàn sòng tā men
人们为星星取了名字，还用神话和诗歌来赞颂它们。

星座

人们把一群离得比较近、又比较亮的星星，用想象中的线段连接起来，就画成了一个星座。古希腊人充实和丰富了星座的名称，并将这些星座对应的形象放到神话故事中，形成了著名的星座与希腊神话体系。

古希腊天文学家托勒密整理并归纳了48个当时在希腊能看到的星座，这些是最早确定的星座。15世纪，许多航海家航行到赤道附近甚至南半球，看到了大片欧洲所不能看到的天空，于是新的星座激增，竟达到120个。为统一和规范，国际天文学联合会将全天星座整理为88个，这些星座就成了目前通用于全世界的星座。

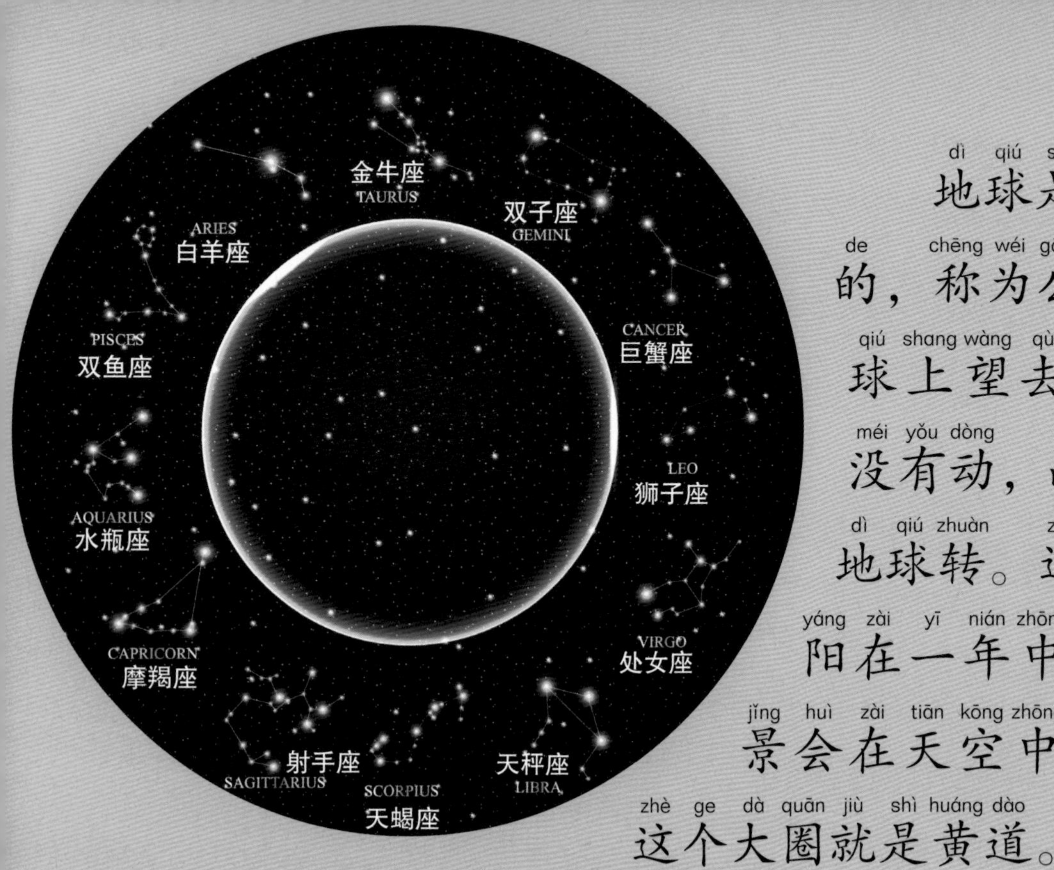

dì qiú shì wéi rào tài yáng xuán zhuǎn
地球是围绕太阳旋转

de chēng wéi gōng zhuàn rén men cóng dì
的，称为公转。人们从地

qiú shang wàng qù huì gǎn jué zì jǐ
球上望去，会感觉自己

méi yǒu dòng ér shì tài yáng zài wéi rào
没有动，而是太阳在围绕

dì qiú zhuàn zhè yī xiào yìng shǐ de tài
地球转。这一效应使得太

yáng zài yī nián zhōng xiāng duì yú xīng kōng bèi
阳在一年中相对于星空背

jǐng huì zài tiān kōng zhōng zǒu shàng yī zhěng quān
景会在天空中走上一整圈，

zhè ge dà quān jiù shì huáng dào
这个大圈就是黄道。

huáng dào suǒ jīng guò de xīng zuò jiù shì huáng dào xīng zuò yī cì wéi bái yáng zuò jīn
黄道所经过的星座就是黄道星座，依次为白羊座、金

niú zuò shuāng zǐ zuò jù xiè zuò shī zi zuò chǔ nǚ zuò tiān chèng zuò tiān xiē
牛座、双子座、巨蟹座、狮子座、处女座、天秤座、天蝎

zuò shè shǒu zuò mó jié zuò shuǐ píng zuò shuāng yú zuò tā men de míng zi dōu yuán zì
座、射手座、摩羯座、水瓶座、双鱼座。它们的名字都源自

xī là shén huà
希腊神话。

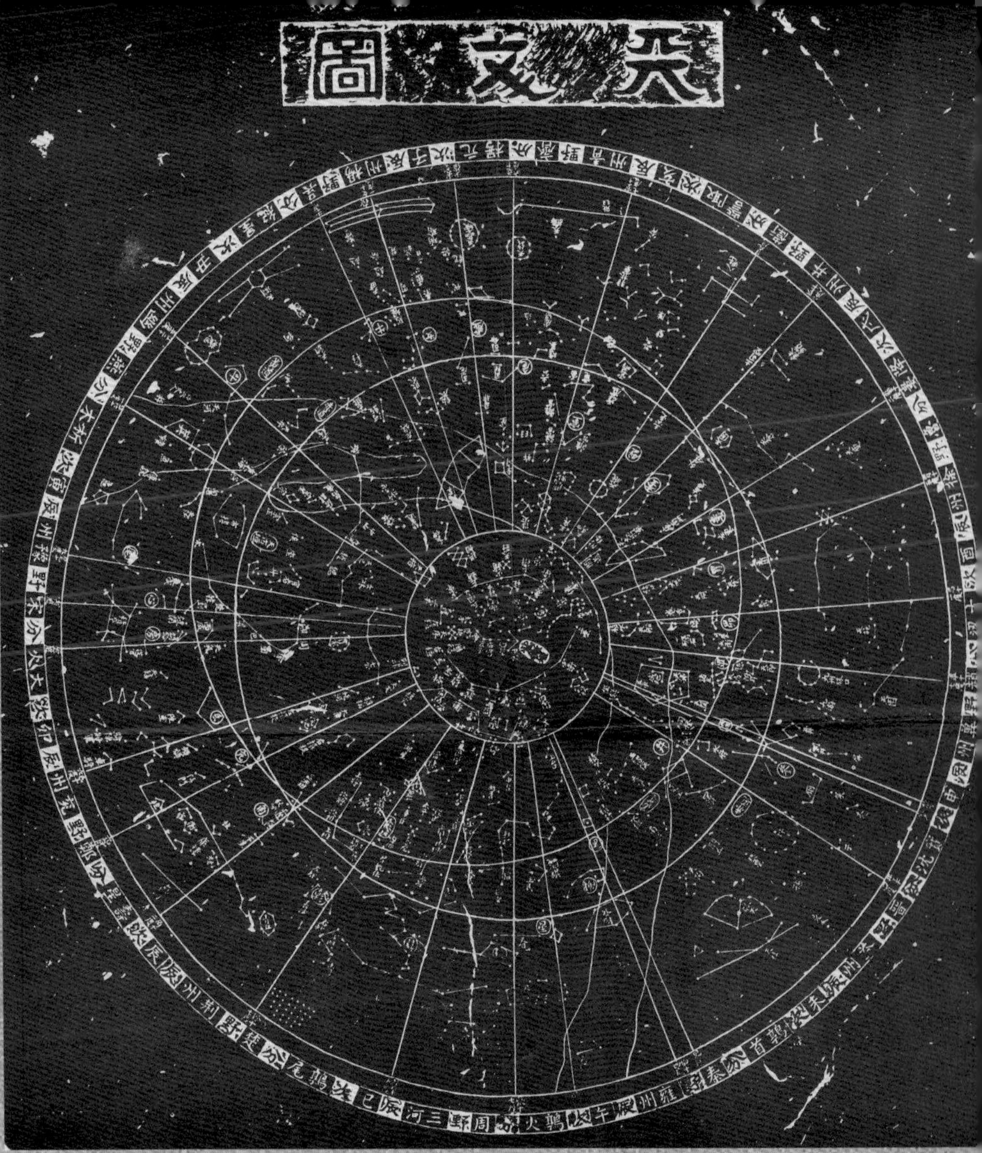

星宿是中国神话与天文结合的产物，类似星座，共二十八宿。二十八宿被分为四份，每七宿划为一份，分别用一种动物的名字来指称，这就是“四象”，即东方青龙、南方朱雀、西方白虎、北方玄武。东方青龙包括角、亢、氐、房、心、尾、箕七宿；南方朱雀包括井、鬼、柳、星、张、翼、轸七宿；西方白虎包括奎、娄、胃、昴、毕、觜、参七宿；北方玄武包括斗、牛、女、虚、危、室、壁七宿。

héng xīng de mìng míng

恒星的命名

dé guó tiān wén xué jiā bài ěr tí chū měi
德国天文学家拜耳提出，每
gè xīng zuò zhōng de héng xīng àn zhào cóng liàng dào àn de
个星座中的恒星按照从亮到暗的
shùn xù yǐ gāi xīng zuò de míng chēng jiā shàng yī gè
顺序，以该星座的名称加上一个
xī là zì mǔ biǎo shì lì rú liè hù zuò
希腊字母表示。例如猎户座 α、
liè hù zuò liè hù zuò gè xī
猎户座 β、猎户座 γ……24 个希
là zì mǔ bù gòu yòng de jì xù yòng
腊字母不够用的，继续用 a、b、c、
biǎo shì réng bù gòu de jì xù yòng
d……表示，仍不够的，继续用 A、
biǎo
B、C、D…… 表
shì zhè zhǒng mìng míng
示，这种命名
fāng fǎ chēng wéi bài ěr
方法称为拜耳
mìng míng fǎ
命名法。

星等用来描述恒星的亮度。古希腊天文学家把最亮的星定为“1 等星”，次亮的为“2 等星”……最后肉眼勉强能看见的为“6 等星”。19 世纪时，天文学家们精确定义了星等，星等每差 5 等，亮度差 100 倍，星等每差 1 等，亮度差 2.512 倍。

夜空中最明亮的星是大犬座的天狼星，它的光和热是太阳的 20 倍。只是由于距离地球太远，所以看上去亮度不如太阳、月球、金星和木星。

四季星空

sì jì xīng kōng

zài dì qiú shang kàn qù xīng kōng bù shì gù dìng bù dòng de ér shì yǐ yī nián wéi zhōu qī xuán zhuǎn biàn huà de

在地球上看去，星空不是固定不动的，而是以一年为周期旋转变化的。

chūn jì xīng kōng shang mù fū zuò dà jiǎo xīng shī zi zuò wǔ dì zuò yī hé shì nǚ zuò jiǎo xiù yī zǔ chéng le yī gè sān jiǎo xíng chēng wéi chūn jì dà sān jiǎo zài jiā shàng liè quǎn zuò cháng chén yī xíng rú zuàn shí chēng wéi chūn jì dà zuàn shí

春季星空上，牧夫座大角星、狮子座五帝座一和室女座角宿一组成了一个三角形，称为春季大三角。再加上猎犬座常陈一，形如钻石，称为春季大钻石。

夏季星空中，天琴座织女星、天鹅座天津四和天鹰座牛郎星构成了夏季大三角。

人马座的东半部分有六颗亮星，称为南斗六星。

qiū jì xīng kōng zhōng quē fá yào yǎn de liàng xīng fēi mǎ zuò de sān kē liàng xīng hé xiān nǚ
秋季星空中缺乏耀眼的亮星，飞马座的三颗亮星和仙女
zuò de yī kē liàng xīng gòu chéng le yī gè sì biān xíng chēng wéi qiū jì sì biān xíng
座的一颗亮星构成了一个四边形，称为秋季四边形。

冬季星空中，大犬座天狼星、小犬座南河三和猎户座参宿四构成了冬季大三角；御夫座五车二、金牛座毕宿五、猎户座参宿七、大犬座天狼星、小犬座南河三、双子座北河三这六颗亮星连接起来，构成了冬季六边形，也叫冬季大钻石。

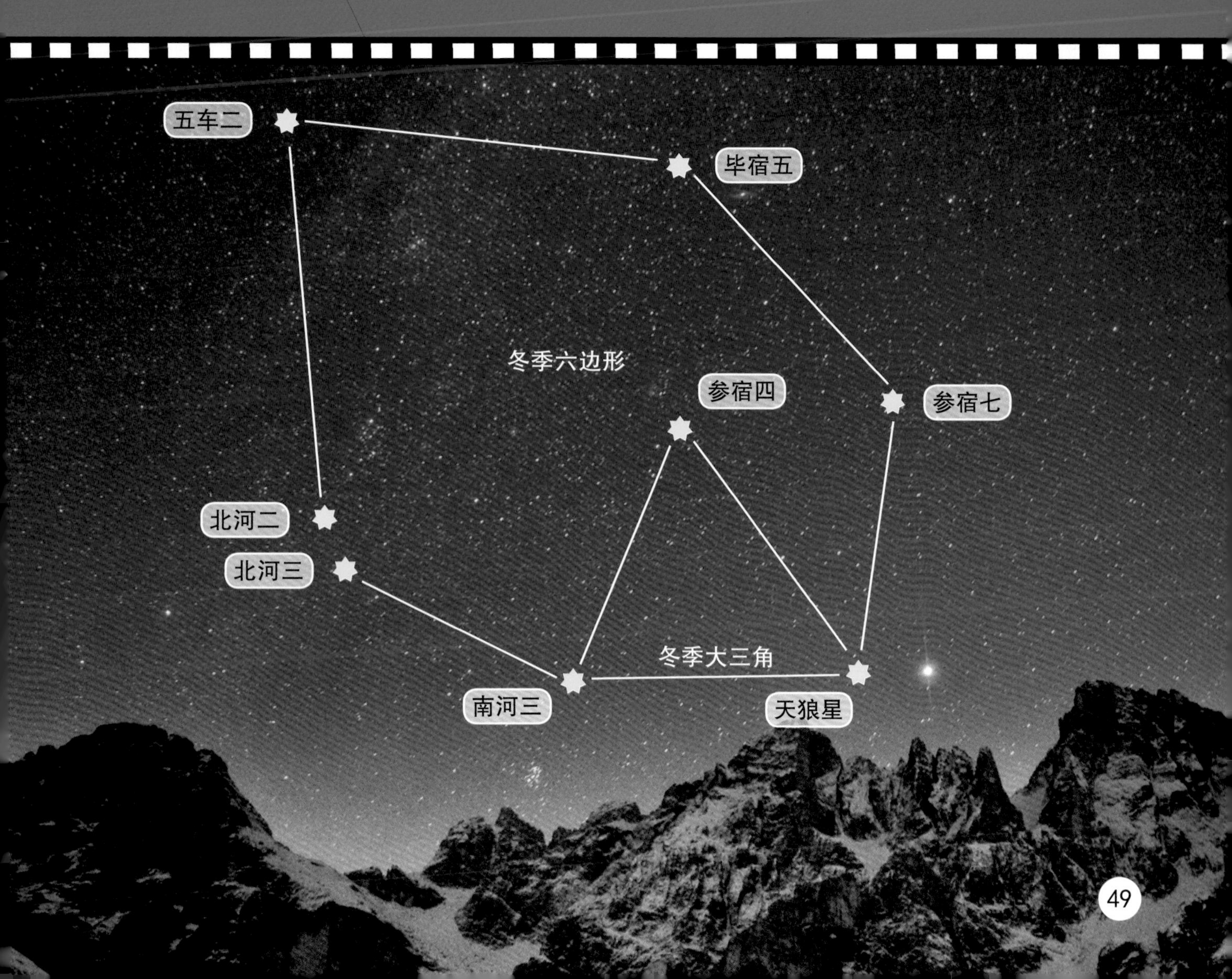

běi dǒu xīng hé běi jí xīng

北斗星和北极星

dà xióng xīng zuò wèi yú běi fāng tiān kōng qī kē liàng xīng fēn
大熊星座位于北方天空，七颗亮星分
bù chéng sháo xíng yòu xiàng gǔ dài yǎo jiǔ de dǒu chēng wéi běi
布成勺形，又像古代舀酒的斗，称为北
dǒu xīng běi dǒu qī xīng de qián sì kē wéi dǒu
斗星。北斗七星的前四颗为斗
kǒu hòu sān kē wéi dǒu bǐng qián
口，后三颗为斗柄。前
liǎng kē xīng lián qǐ lái xiàng dǒu kǒu fāng xiàng yán
两颗星连起来，向斗口方向延
cháng bèi jù lí biàn néng zhǎo
长5倍距离，便能找
dào běi jí xīng
到北极星。

北极星是北部天空中最接近天球北极的一颗星，可以用来辨别方向，确认北方。

星星总是在运动着的，北斗七星的形状也不是一成不变的。根据它们运行的速度和方向，天文学家们推断，10万年以后，人们可能就看不到这种勺子形状了。

北极星也是变化的，每隔25800年北极星要循环一次。现阶段的北极星是小熊座α星，我国古人称其为勾陈一。

nán bàn qiú xīng kōng

南半球星空

dì qiú xuán fú zài yǔ zhòu zhōng nán bàn qiú hé běi bàn qiú kàn dào de xīng kōng shì bù tóng de nán tiān xīng kōng tóng yàng zhuàng guān měi lì

地球悬浮在宇宙中，南半球和北半球看到的星空是不同的，南天星空同样壮观美丽。

nán shí zì zuò shì nán bàn qiú tiān kōng de dài biǎo xīng zuò sì kē zhǔ xīng gòu chéng yī gè shí zì jià xíng zhuàng

南十字座是南半球天空的代表星座，四颗主星构成一个十字架形状。

bàn rén mǎ zuò de nán mén èr shì yè kōng dì sān liàng xīng chú tài yáng wài lí dì qiú zuì jìn de héng xīng bǐ lín xīng yě wèi yú zhè yī xīng zuò

半人马座的南门二是夜空第三亮星，除太阳外离地球最近的恒星比邻星也位于这一星座。

nán chuán zuò de mìng míng yuán zì shén huà zhōng de kuài chuán ā ěr gē hào yīng xióng yī ā
南船座的命名源自神话中的快船阿尔戈号，英雄伊阿
sòng céng chéng zhe tā xún zhǎo jīn yáng máo yóu yú zhè ge xīng zuò suǒ zhàn de tiān qū miàn jī guò
宋曾乘着它寻找金羊毛。由于这个星座所占的天区面积过
dà yīn cǐ bèi chāi fēn chéng le chuán wěi zuò chuán fān zuò chuán dǐ zuò hé luó pán zuò
大，因此被拆分成了船尾座、船帆座、船底座和罗盘座。

mài zhé lún háng xíng dào nán bàn qiú shí
麦哲伦航行到南半球时，
zài yè kōng zhōng fā xiàn le liǎng tuán yún wù zhuàng de
在夜空中发现了两团云雾状的
tiān tǐ hòu rén chēng tā men wéi dà mài zhé lún
天体，后人称它们为大麦哲伦
yún hé xiǎo mài zhé lún yún
云和小麦哲伦云。

我们的太阳系

太阳系以太阳为中心，包括太阳、八大行星及其卫星和无数的小行星、彗星、流星等。

最初，宇宙中有一个由气体和尘埃组成的大星云。后来，物质慢慢向中心聚集，中心越来越热，以致发生了核聚变，形成了太阳。其他碎片聚集形成了行星，更小的碎片则形成了小行星和彗星等。

太阳活动

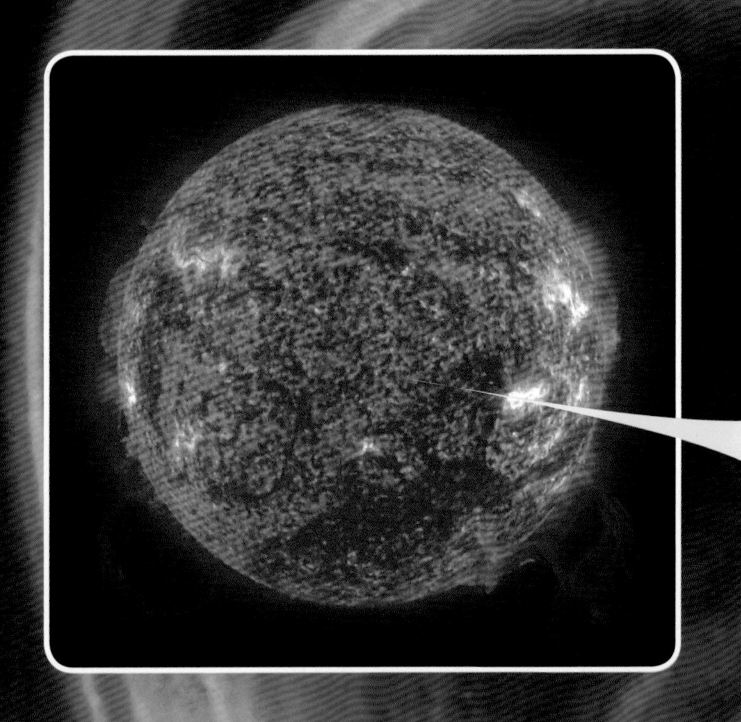

tài yáng shì tài yáng xì de zhōng xīn tiān tǐ shì yī gè chì rè de qì tǐ qiú tǐ jī shì dì qiú de wàn bèi biǎo miàn wēn dù yuē

太阳是太阳系的中心天体，是一个炽热的气体球，体积是地球的130万倍，表面温度约6000℃。

太阳内部不断地进行着核聚变，产生大量热能。太阳表面有各种不同的活动现象，如太阳黑子、光斑、耀斑、日珥等，统称为太阳活动。太阳活动平均以11年为周期，活动强烈时，紫外线和粒子辐射增强，使地球上发生极光、磁暴、电离层扰动等现象。

太阳黑子也称日斑，是太阳表面的气体旋涡，温度比周围区域低，从地球上看去，好像太阳上的黑斑，所以叫太阳黑子。太阳黑子能干扰地球上的电磁通讯。

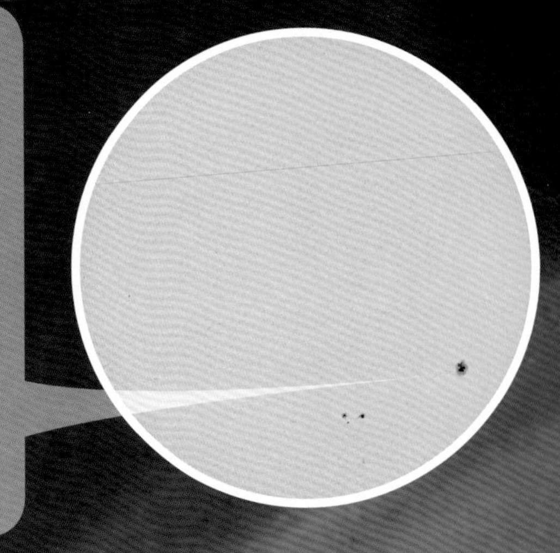

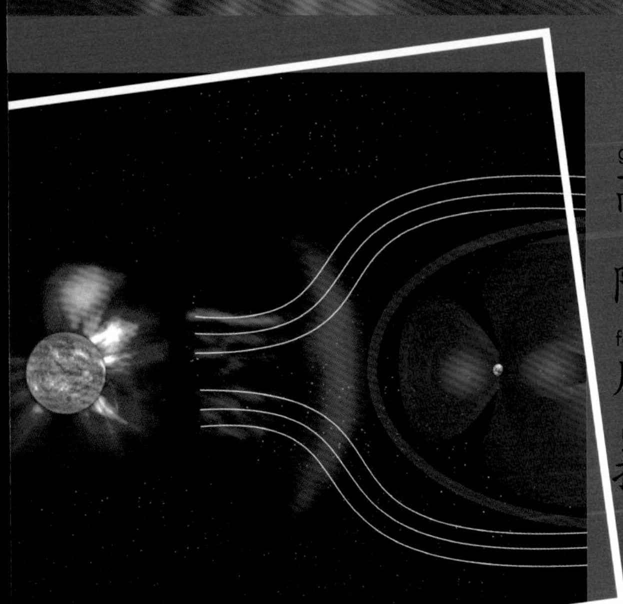

太阳风是从太阳大气中射出的高速带电粒子流，太阳黑子活动高峰阶段，太阳风特别强烈，称为太阳风暴。太阳风暴能破坏臭氧层，干扰无线通讯，还会危害人体健康。

bā dà xíng xīng

八大行星

xíng xīng zhǐ de shì yán bù tóng de tuǒ yuán xíng guǐ dào rào tài yáng yùn xíng de tiān tǐ běn

行星指的是沿不同的椭圆形轨道绕太阳运行的天体，本

shēn bù fā guāng zhǐ néng fǎn shè tài yáng guāng

身不发光，只能反射太阳光。

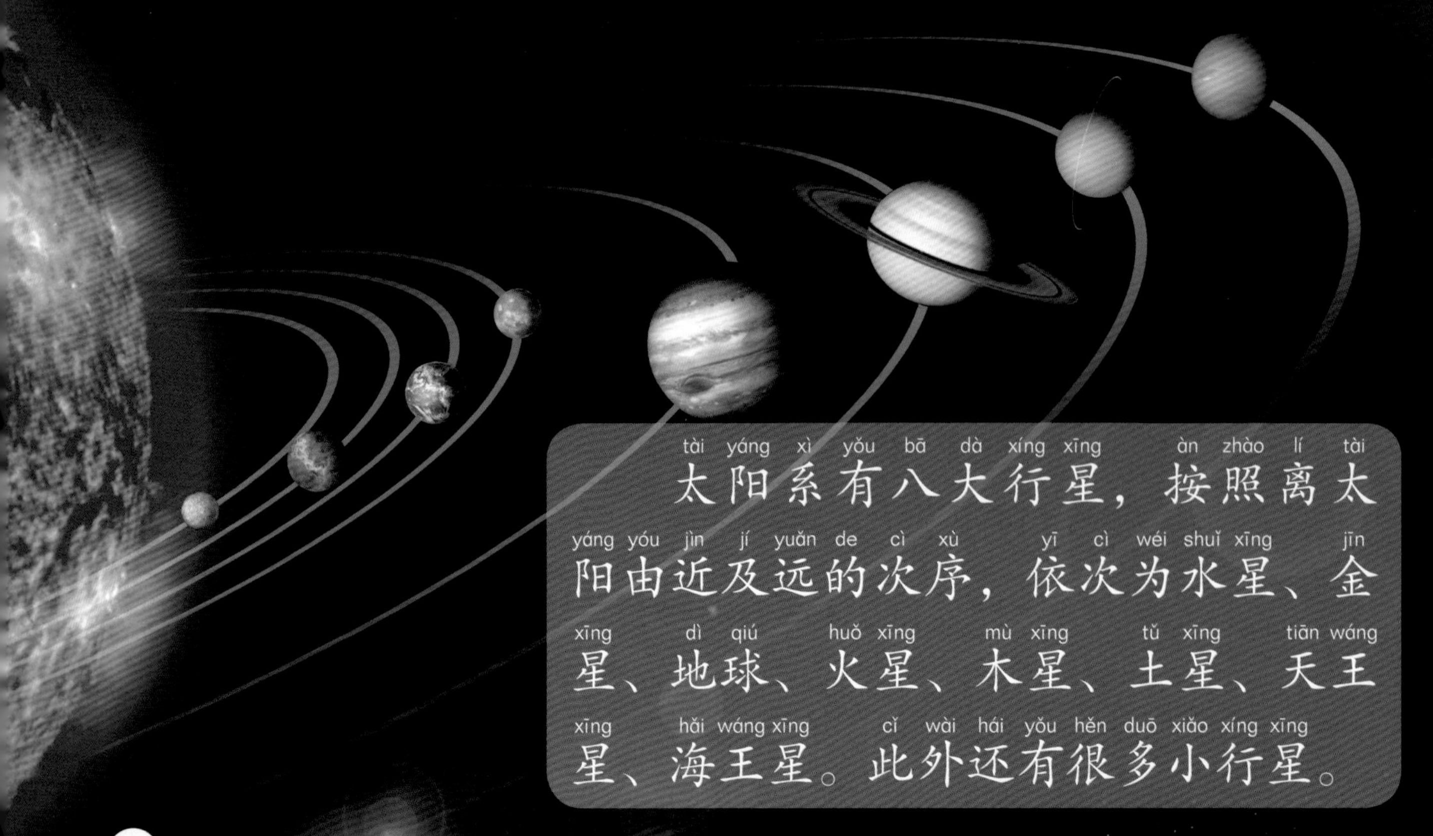

tài yáng xì yǒu bā dà xíng xīng àn zhào lí tài

太阳系有八大行星，按照离太

yáng yóu jìn jí yuǎn de cì xù yī cì wéi shuǐ xīng jīn

阳由近及远的次序，依次为水星、金

xīng dì qiú huǒ xīng mù xīng tǔ xīng tiān wáng

星、地球、火星、木星、土星、天王

xīng hǎi wáng xīng cǐ wài hái yǒu hěn duō xiǎo xíng xīng

星、海王星。此外还有很多小行星。

木星、土星、天王星、海王星称为类木行星，体积大，质量大，主要组成物质是氢和氦，平均密度小，卫星较多。

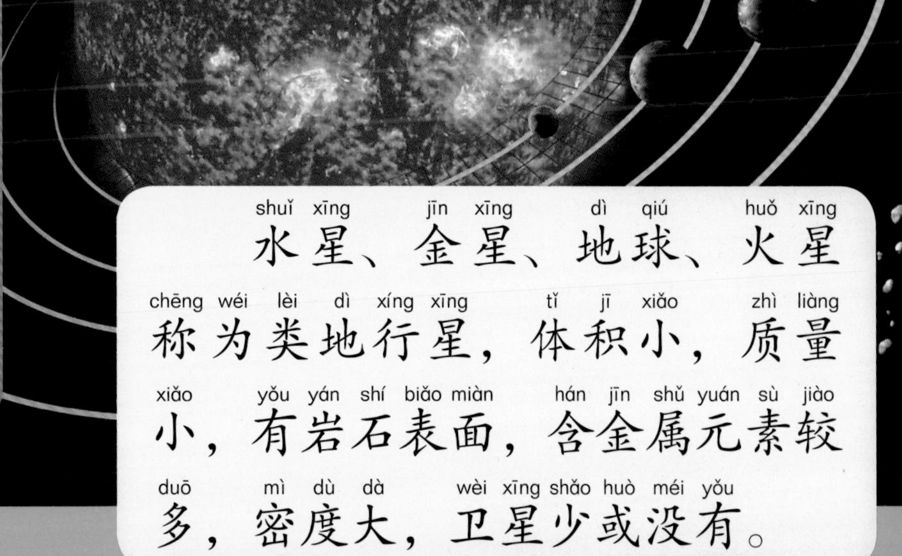

水星、金星、地球、火星称为类地行星，体积小，质量小，有岩石表面，含金属元素较多，密度大，卫星少或没有。

公转方向上，八大行星都是自西向东环绕太阳公转。自转方向上，金星是自东向西转，天王星是“横躺”着转，其他六颗行星都和地球一样是自西向东转。

shuǐ xīng

水星

shuǐ xīng shì tài yáng xì bā dà xíng xīng zhī yī àn lí tài yáng yóu jìn jí yuǎn de cì xù
水星是太阳系八大行星之一，按离太阳由近及远的次序
jì wéi dì yī kē xīng rào tài yáng gōng zhuàn zhōu qī yuē wéi tiān zì zhuàn zhōu qī yuē wéi
计为第一颗星，绕太阳公转周期约为 88 天，自转周期约为
tiān
58.6 天。

shuǐ xīng shì bā dà xíng xīng zhōng zuì xiǎo de tǐ jī zhǐ yǒu dì qiú de yǐn lì zhǐ
水星是八大行星中最小的，体积只有地球的 1/18，引力只
yǒu dì qiú de chú le zài rì shēng hé rì luò de shí hou hěn nán bèi guān chá dào
有地球的 38%。除了在日升和日落的时候，很难被观察到。

水星在中国古代被称为辰星；在西方被称为墨丘利，是神话中众神的使者，也是商业、交通等行业的守护神。

水星既没有卫星，也没有大气层。由于没有空气传播热量，水星黑暗的一面非常冷，最低温度可达 −180℃。阳光最强的赤道附近却很热，最高温度可达 430℃，能使铅熔化。

有观点认为，在水星两极附近较深的盆地底部可能存在着固态的水。

jīn xīng
金星

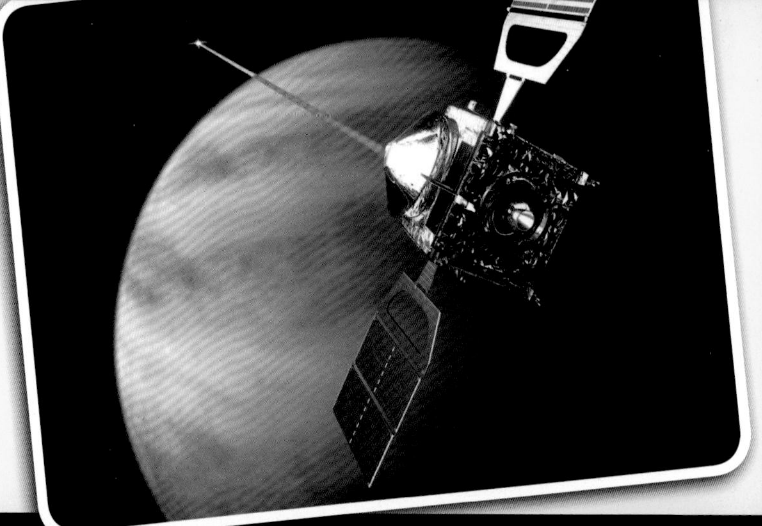

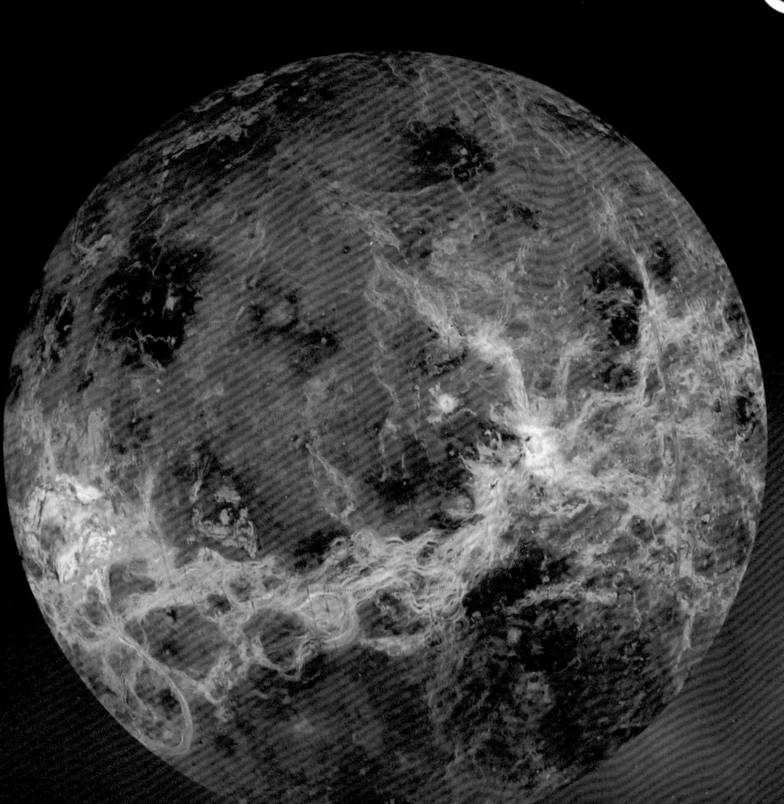

jīn xīng shì tài yáng xì bā dà xíng xīng zhī yī àn lí tài yáng yóu jìn jí yuǎn de cì xù jì wéi dì èr kē xīng rào tài yáng gōng zhuàn zhōu qī yuē wéi tiān zì zhuàn zhōu qī yuē wéi tiān jīn xīng zài zhōng guó gǔ dài chēng wéi qǐ míng xīng cháng gēng xīng zài xī fāng chēng wéi wéi nà sī shì ài yǔ měi de nǚ shén

金星是太阳系八大行星之一，按离太阳由近及远的次序计为第二颗星，绕太阳公转周期约为224.7天，自转周期约为243天。金星在中国古代称为启明星、长庚星。在西方称为维纳斯，是爱与美的女神。

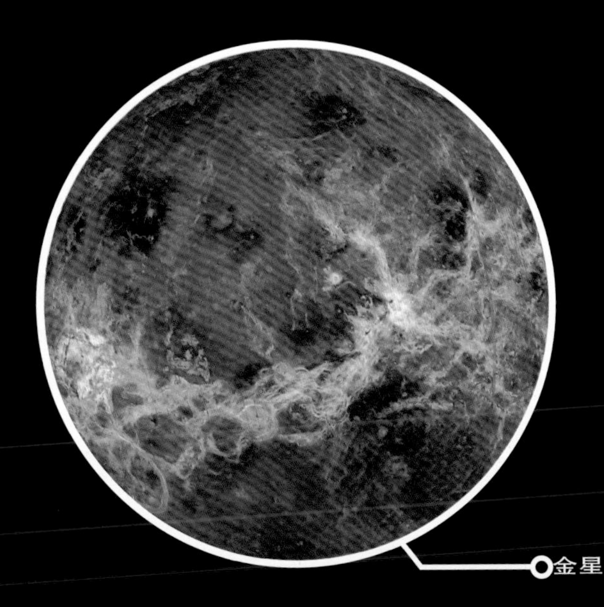

金星

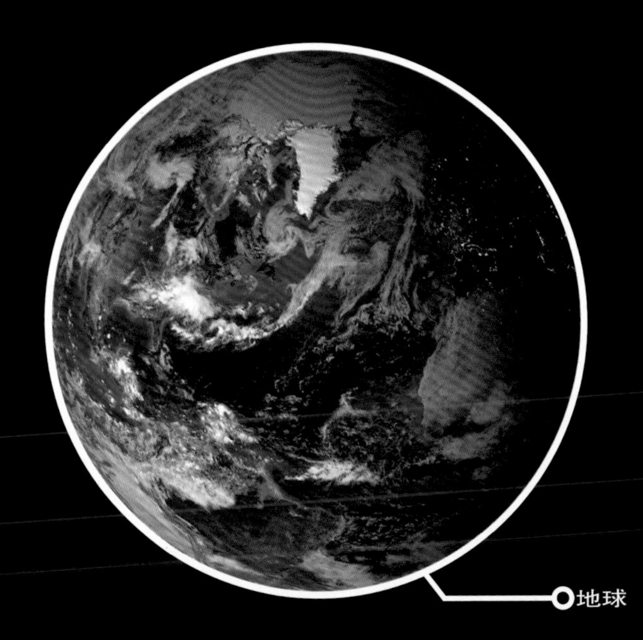

地球

jīn xīng de zhì liàng tǐ jī hé wù zhì gòu chéng yǔ dì qiú xiāng jìn yě shì gè dà xíng
金星的质量、体积和物质构成与地球相近，也是各大行
xīng zhōng lí dì qiú zuì jìn de yī kē xīng yǐn lì wéi dì qiú de jīn xīng shì bā dà
星中离地球最近的一颗星，引力为地球的 91%。金星是八大
xíng xīng zhōng wéi yī zì dōng xiàng xī zì zhuàn de
行星中唯一自东向西自转的。

jīn xīng dà qì de zhǔ yào chéng fèn shì èr yǎng huà tàn qí zhōng
金星大气的主要成分是二氧化碳，其中
piāo fú zhe hán liú de dàn huáng sè yún tuán rú guǒ
漂浮着含硫的淡黄色云团。如果
yǒu rén dēng lù jīn xīng huì zāo yù suān
有人登陆金星，会遭遇酸
xìng zhuó shāng chì rè jù dà qì yā
性灼伤、炽热、巨大气压
hé zhì xī děng shāng hài háng tiān qì zài jīn
和窒息等伤害。航天器在金
xīng biǎo miàn tíng liú chāo guò xiǎo shí
星表面停留超过 1~2 小时，
yě huì bèi è liè de huán jìng huǐ huài
也会被恶劣的环境毁坏。

dì qiú
地球

dì qiú shì tài yáng xì bā dà xíng xīng zhī yī，àn lí tài yáng yóu jìn jí yuǎn de cì xù jì wéi dì sān kē xīng，rào tài yáng gōng zhuàn zhōu qī wéi yī nián，zì zhuàn zhōu qī wéi yī zhòu yè。

地球是太阳系八大行星之一，按离太阳由近及远的次序计为第三颗星，绕太阳公转周期为一年，自转周期为一昼夜。

地球周围有厚厚的大气层，主要由氮和氧组成，可以使地球表面免遭辐射和陨石的伤害。

地球是太阳系中密度最大的星体，分为地壳、地幔、地核三层，地核的主要成分是铁。

地球和太阳的距离远近适中，温度适宜，恰好使得水能够以液态形式存在。过热，水会成为水蒸气蒸发；过冷，水会冻结成固态。

地球表面有陆地和海洋，水覆盖了地球表面的2/3以上，其中97%是海洋中的咸水。

地球与月球构成了一个天体系统，称为地月系。月球也称月亮，是地球的卫星。

月球表面凹凸不平，本身不发光，只能反射太阳光。月球的直径约为地球的1/4，引力相当于地球的1/6。

月球表面有明有暗，较暗的地方称为月海。月海并没有水，而是由火山岩石形成的平原。月海的边缘部分叫作高原，覆盖了月球的大部分区域。

yuè qiú biǎo miàn yǒu wú shù de huán xíng shān huán xíng shān
月球表面有无数的环形山，环形山
zhōng jiān yǒu yī gè xiàn luò de shēn kēng sì zhōu yǒu gāo sǒng zhí
中间有一个陷落的深坑，四周有高耸直
lì de yán shí yī bān rèn wéi huán xíng shān shì yīn xiǎo xíng
立的岩石。一般认为，环形山是因小行
xīng hé huì xīng de zhuàng jī huò zhě yuè qiú huǒ shān pēn fā xíng
星和彗星的撞击或者月球火山喷发形
chéng de
成的。

huǒ xīng
火星

火星是太阳系八大行星之一，按离太阳由近及远的次序计为第四颗星，绕太阳公转周期约为687天，自转周期约为24小时37分。

火星在中国古代又称为惑星、荧惑；在西方称为马尔斯，是神话中的战争之神。

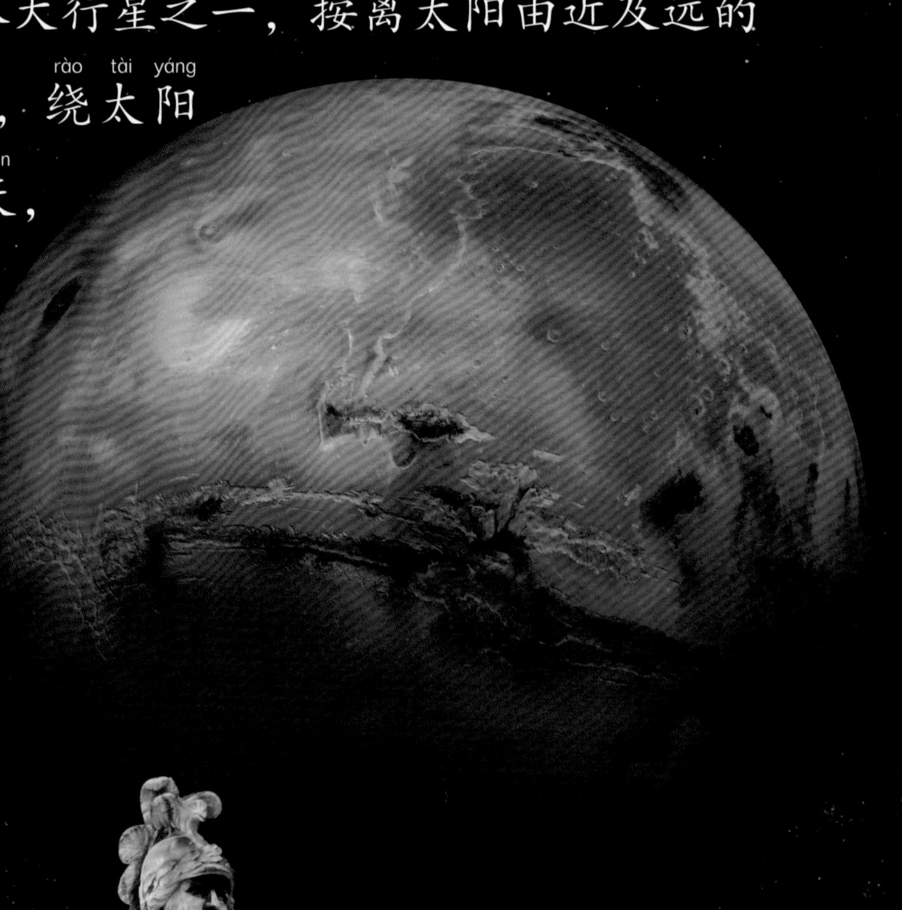

火星的地表覆盖着一层赤铁矿，使其呈现出鲜艳的橘红色。

火星大气的主要成分是二氧化碳，地表是一片沙漠。火星上的风很大，经常掀起漫天的沙尘暴，覆盖全球大部分地区，并持续数月之久。

科学家们在火星表面发现了巨大的火山坑，长 40 千米，宽 30 千米，深度达 1750 米，规模与地球上的黄石火山相当。

火星的南北极呈白色，覆盖着由干冰（固态的二氧化碳）形成的极冠，可能有水。

火卫二

火卫一

火星有两颗卫星，称为火卫一、火卫二，也称福博斯、戴摩斯，命名源自战神马尔斯的两个儿子。这两颗卫星都呈不规则形状，而不是圆球。火卫一较大，离火星较近，火卫二较小，离火星较远。

nián měi guó yǔ háng jú fā shè le hào qí hào huǒ xīng tàn cè qì rèn wu
2011年，美国宇航局发射了好奇号火星探测器，任务
shì tàn xún huǒ xīng shang de shēng mìng yuán sù
是探寻火星上的生命元素。

nián měi guó yǔ háng jú fā shè le dòng chá hào huǒ xīng tàn cè qì rèn wu
2018年，美国宇航局发射了洞察号火星探测器，任务
shì liǎo jiě huǒ xīng nèi hé dà xiǎo huǒ xīng nèi bù wēn dù hé dì zhèn huó dòng děng qíng kuàng
是了解火星内核大小、火星内部温度和地震活动等情况。

huǒ xīng shì chú le dì qiú zhī wài zuì shì hé rén lèi shēng cún de xíng xīng rú hé zài huǒ
火星是除了地球之外最适合人类生存的行星，如何在火
xīng jiàn lì jī dì jìn ér tàn suǒ zhěng gè tài yáng xì hé yǔ zhòu shì hěn duō kē xué jiā zhì
星建立基地，进而探索整个太阳系和宇宙，是很多科学家致
lì yán jiū de wèn tí
力研究的问题。

mù xīng
木星

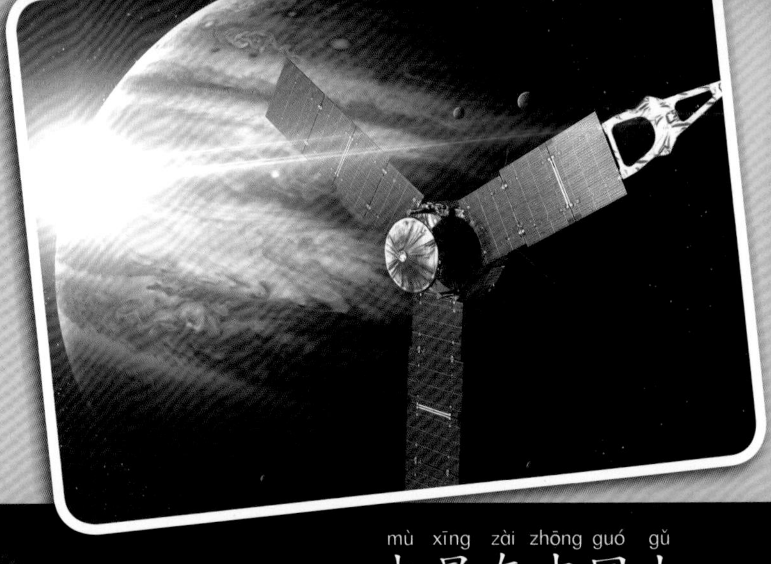

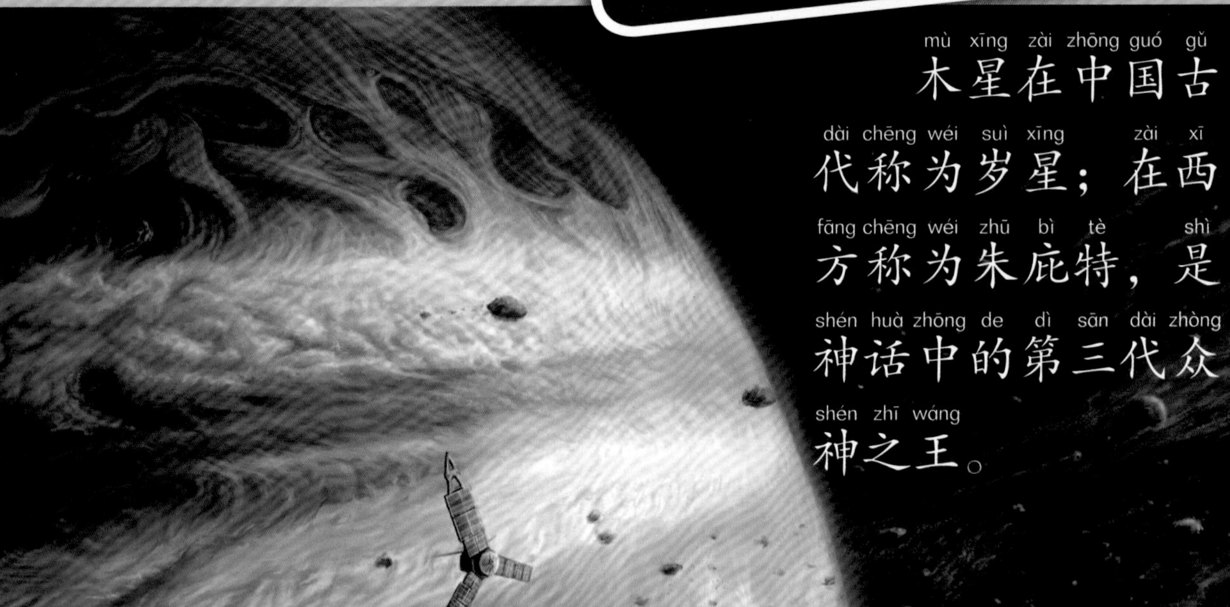

mù xīng zài zhōng guó gǔ
木星在中国古
dài chēng wéi suì xīng zài xī
代称为岁星；在西
fāng chēng wéi zhū bì tè shì
方称为朱庇特，是
shén huà zhōng de dì sān dài zhòng
神话中的第三代众
shén zhī wáng
神之王。

mù xīng shì tài yáng xì bā dà xíng xīng zhī yī àn lí tài yáng yóu jìn jí yuǎn de cì xù
木星是太阳系八大行星之一，按离太阳由近及远的次序
jì wéi dì wǔ kē xīng rào tài yáng gōng zhuàn zhōu qī yuē wéi nián zì zhuàn zhōu qī yuē
计为第五颗星，绕太阳公转周期约为 11.86 年，自转周期约
wéi xiǎo shí fēn
为 9 小时 50 分。

木星是八大行星中最大的一个，质量是地球的318倍，比其他七颗大行星总和的2.5倍还要多。木星主要由氢和氦构成，是一颗气体行星，里面装得下约1300个地球。

大红斑是木星最主要的特征。大红斑是整个太阳系最大的风暴，可能已经存在了350年。

木星是太阳系里卫星最多的行星，至2018年7月17日，已经发现了79颗木星的卫星。

1610年，意大利科学家伽利略发现了4颗木星的卫星，即木卫一、木卫二、木卫三和木卫四，也称伽利略卫星。

伽利略观察到这4颗卫星在围着木星转，而不是围着地球转。这是证明地心说错误的有力证据。

木星卫星多用与朱庇特有关的神话人物进行命名，如伊娥（木卫一）、欧罗巴（木卫二）、勒达（木卫十三）等。

木卫一比月球略大，是太阳系中的第四大的卫星，上面覆盖着一层硫，呈黄色。

木卫一

木卫二

木卫二表面光滑，覆盖着冰层，有的科学家认为冰层下是充满水的海洋。

木卫三是太阳系中最大的卫星，主要构成是岩石和冰的混合物。

木卫三

木卫四是太阳系中第三大的卫星，上面布满了陨石坑。

木卫四

tǔ xīng
土星

tǔ xīng zài zhōng guó gǔ dài chēng wéi zhèn xīng zài xī fāng chēng wéi kè luó nuò sī shì shén huà zhōng de dì èr dài zhòng shén zhī wáng

土星在中国古代称为镇星；在西方称为克罗诺斯，是神话中的第二代众神之王。

tǔ xīng shì tài yáng xì bā dà xíng xīng zhī yī àn lí tài yáng yóu jìn jí yuǎn de cì xù jì wéi dì liù kē xīng rào tài yáng gōng zhuàn zhōu qī yuē wéi nián zì zhuàn zhōu qī yuē wéi xiǎo shí fēn

土星是太阳系八大行星之一，按离太阳由近及远的次序计为第六颗星，绕太阳公转周期约为29.4年，自转周期约为10小时36分。

土星是太阳系第二大的行星，主要由氢和氦构成，密度比水还轻。土星四周围绕着壮观的光环，这使得它看起来像一顶草帽。这光环是由尘埃、岩石和冰块构成的。

土星有数十颗卫星，土卫六最大，又称泰坦。泰坦指天空之神乌拉诺斯和地母盖娅所生育的一众子女。

土星、土卫六和卡西尼探测器

tiān wáng xīng

天王星

tiān wáng xīng shì tài yáng xì bā dà xíng xīng zhī yī àn lí tài yáng yóu jìn jí yuǎn de cì xù
天王星是太阳系八大行星之一，按离太阳由近及远的次序
jì wéi dì qī kē xīng rào tài yáng gōng zhuàn zhōu qī yuē wéi nián zì zhuàn zhōu qī yuē wéi
计为第七颗星，绕太阳公转周期约为84年，自转周期约为17
xiǎo shí fēn tiān wáng xīng shì bā dà xíng xīng zhōng wéi yī héng tǎng zhe zì zhuàn de xíng xīng
小时14分。天王星是八大行星中唯一“横躺”着自转的行星。

tiān wáng xīng de tǐ jī zài bā
天王星的体积在八
dà xíng xīng zhōng pái háng dì sān xiāng
大行星中排行第三，相
dāng yú gè dì qiú yǒu
当于67个地球。有
kē wèi xīng
27颗卫星。

tiān wáng xīng yě yǒu guāng
天王星也有光
huán dàn jì zhǎi yòu báo
环，但既窄又薄
yòu àn ér qiě shì shù
又暗，而且是竖
zhe de
着的。

tiān wáng xīng zài xī fāng chēng wéi wū lā nuò sī shì shén
天王星在西方称为乌拉诺斯，是神
huà zhōng de tiān kōng zhī shén dì yī dài zhòng shén zhī wáng
话中的天空之神，第一代众神之王。

tiān wáng xīng shàng miàn fēi cháng hán lěng
天王星上面非常寒冷，
hěn dà yī bù fen shì yóu jié bīng de shuǐ
很大一部分是由结冰的水、
jiǎ wán hé ān zǔ chéng de tiān wén xué jiā
甲烷和氨组成的，天文学家
bǎ zhè zhǒng lèi xíng de xíng xīng chēng wéi bīng jù
把这种类型的行星称为冰巨
xīng shì qì tài xíng xīng de fēn zhī
星，是气态行星的分支。

tiān wáng xīng shì yīng guó tiān wén xué jiā
天王星是英国天文学家
wēi lián hè xiē ěr tōng guò dà xíng fǎn shè
威廉·赫歇尔通过大型反射
wàng yuǎn jìng fā xiàn de tā yě shì dì
望远镜发现的，他也是第
yī gè fā xiàn tiān wáng xīng wèi xīng de rén
一个发现天王星卫星的人。

海王星

海王星是太阳系八大行星之一，按离太阳由近及远的次序计为第八颗星，绕太阳公转周期约为 164.8 年，自转周期约为 16 小时。

海王星在西方称为尼普顿，是神话中的海神。

海王星的体积比天王星小，是地球的 54 倍，但质量比天王星大。已知的卫星有 14 颗。

rén men guān cè dào tiān wáng xīng
人们观测到天王星
hòu fā xiàn tā de yùn xíng sù dù
后，发现它的运行速度
yǔ yù qī de bù fú shí kuài shí
与预期的不符，时快时
màn biàn tuī cè yǒu yī kē wèi fā xiàn de
慢，便推测有一颗未发现的
dà xíng xīng duì tiān wáng xīng zào chéng le yǐng xiǎng
大行星对天王星造成了影响。
jīng guò jì suàn què dìng bìng zhǎo dào le hǎi wáng xīng yīn
经过计算，确定并找到了海王星，因
cǐ hǎi wáng xīng yě bèi chēng wéi bǐ jiān shang de fā xiàn
此海王星也被称为“笔尖上的发现”。

hǎi wáng xīng chéng lán sè
海王星呈蓝色，
dà qì yǐ qīng hé hài wéi zhǔ
大气以氢和氦为主，
hái yǒu wēi liàng de jiǎ wán hǎi
还有微量的甲烷，海
wáng xīng de gù tǐ bù fen hé tiān
王星的固体部分和天
wáng xīng lèi sì yóu jié bīng de
王星类似，由结冰的
shuǐ jiǎ wán hé ān zǔ chéng
水、甲烷和氨组成，
yě shì yī kē bīng jù xīng
也是一颗冰巨星。

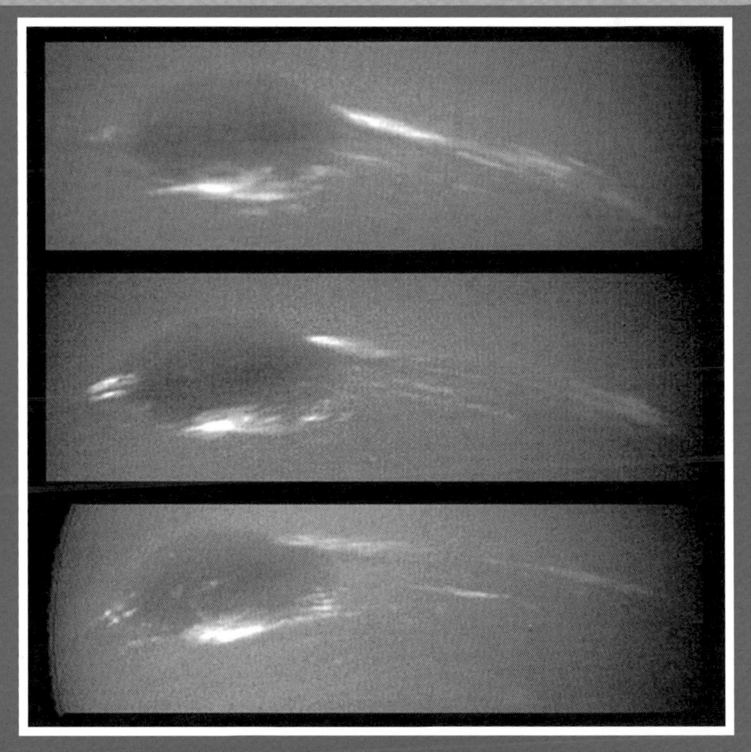

海王星大黑斑

ǎi xíng xīng

矮行星

ǎi xíng xīng de tǐ jī jiè yú xíng xīng hé xiǎo xíng xīng zhī jiān yǔ xíng xīng de qū bié zài
矮行星的体积介于行星和小行星之间。与行星的区别在
yú ǎi xíng xīng wèi néng gòu qīng chú qí guǐ dào fù jìn de qí tā wù tǐ
于：矮行星未能够清除其轨道附近的其他物体。

yǐ zhī de ǎi xíng xīng
已知的矮行星
yǒu wǔ kē míng wáng xīng
有五颗：冥王星、
xì shén xīng niǎo shén xīng
阋神星、鸟神星、
rèn shén xīng hé gǔ shén xīng
妊神星和谷神星。

冥王星公转周期约为248年，自转周期约为6.4天。在西方称为普路同，是罗马神话中的冥王。

冥王星的体积和质量比月球还小，已知的卫星有5颗，冥卫一也称卡戎，命名源自神话中冥河上的摆渡人。

与海王星的发现类似，冥王星也是通过计算找到的。

冥王星是一个深度冻结的世界，大气的主要成分是氮，地壳由冰构成，内部是一个大大的岩石内核。

冥王星的轨道是一个拉伸变形的偏心圆，有时会进入到海王星的轨道内。

阅神星和冥王星大小相近，在西方称为厄里斯，是神话中的不和女神。中国将其称为阅神星，“阅”也是“不和、争吵”的意思。

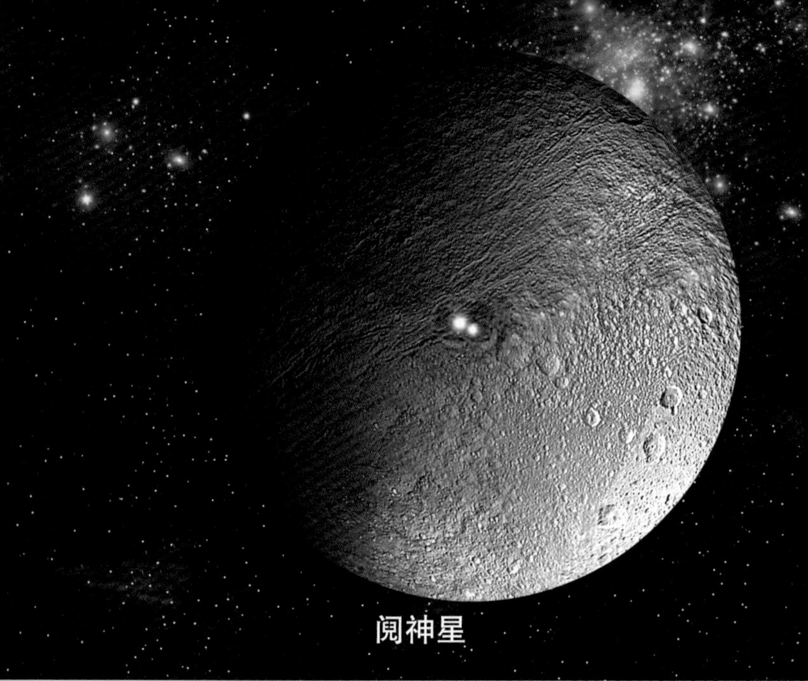

阅神星

冥王星曾被列为第九大行星。阅神星被发现后，有人提出将阅神星列为第十大行星。2006年，天文学家们正式定义了行星的概念，冥王星被开除出九大行星，降级为矮行星。

冥王星

鸟神星直径大约是冥王星的 3/4，名字源自复活节岛神话中创造人类的神。

妊神星质量是冥王星质量的 1/3，命名来自夏威夷生育之神哈乌美亚。

谷神星的名称源自罗马神话中的谷物女神克瑞斯，是太阳系中最小的、也是唯一位于小行星带的矮行星。

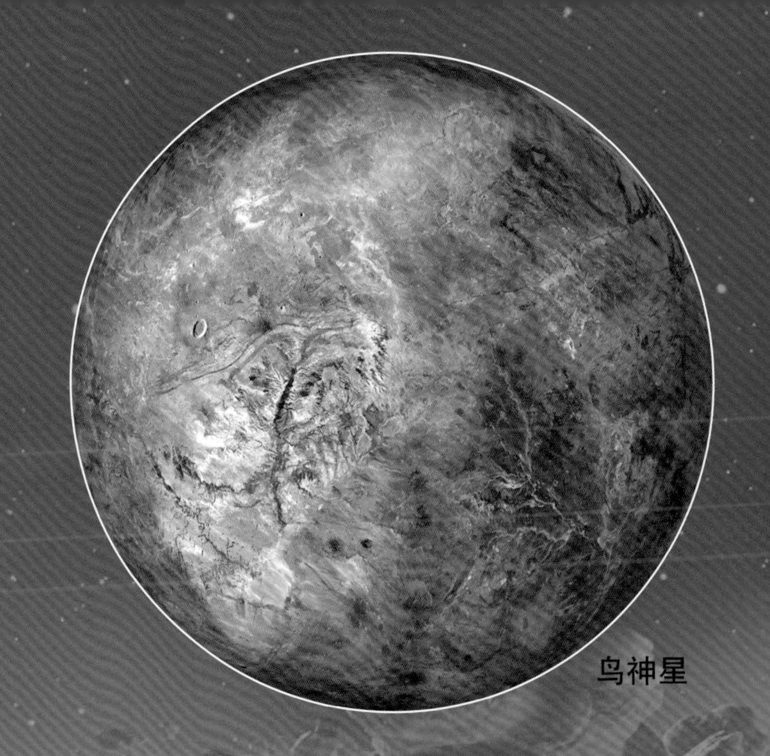
鸟神星

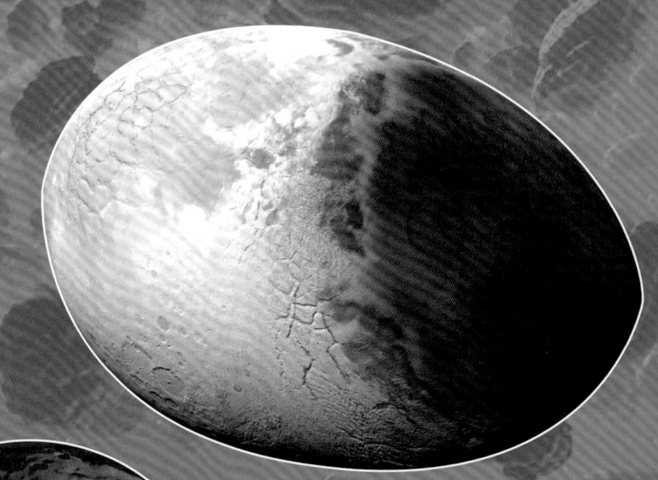
妊神星

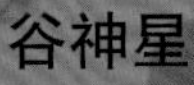
谷神星

小行星

太阳系中，沿着椭圆形轨道绕太阳运行的体积小、从地球上肉眼看不到的行星，称为小行星。大部分小行星的运行轨道在火星和木星的轨道之间。

小行星带由大量石质物体组成，数量估计有数百万。大约 99% 的小行星直径小于 100 千米，最小的只有鹅卵石大小。小行星带所有的小行星的质量加起来也没有月球大。

谷神星

1801年，天文学家发现在火星和木星之间有一个神秘天体，像行星一样运行，这就是最早被发现的“小行星”——谷神星，直径大约有950千米。后来，根据2006年规定的行星定义，谷神星被归类为矮行星。

较大的小行星有智神星、灶神星、健神星等。

柯伊伯带

柯伊伯带位于海王星轨道外侧，是一个天体密集的中空圆盘状区域。这一区域有数百万环绕太阳运动的物体，其中最大的是冥王星、阋神星、鸟神星、妊神星等矮行星。

柯伊伯带中的主要物质是碎冰片，它们是45亿年前行星形成时留下来的。这些物体接近太阳时，可能会变成向内太阳系规律移动的短周期彗星。

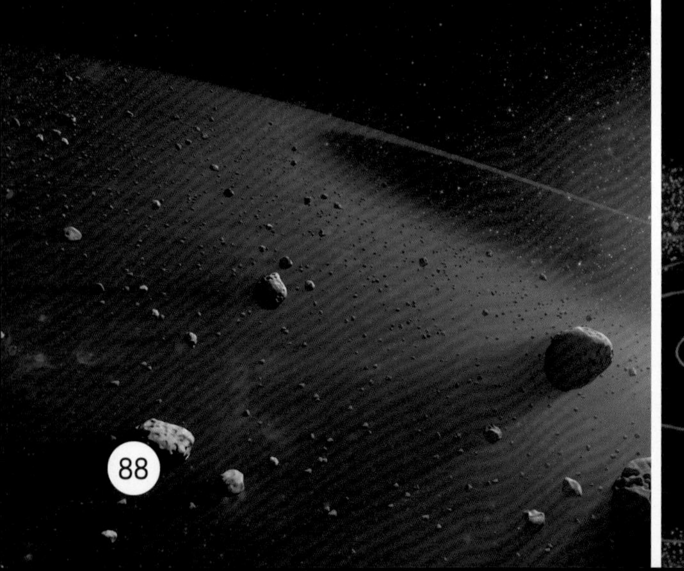

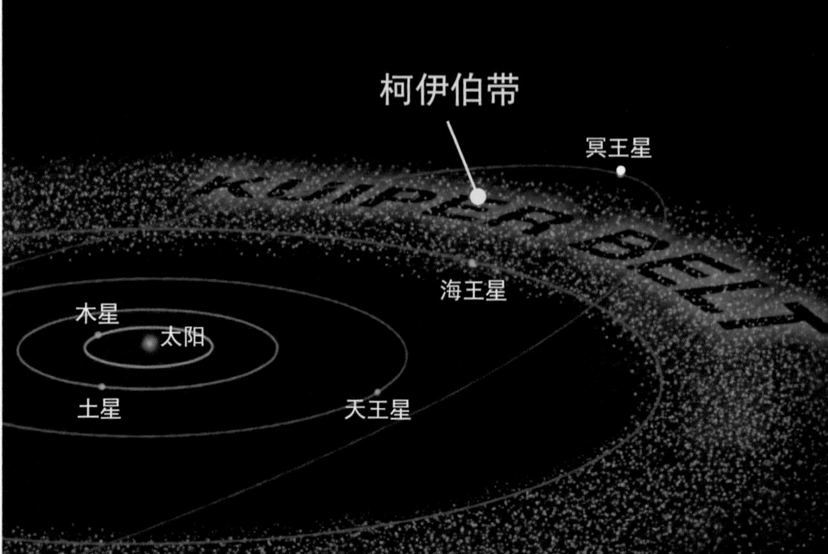

kē yī bó dài de quán chēng shì ài jí wò sī kē yī bó dài kē yī bó shì hé
柯伊伯带的全称是艾吉沃斯－柯伊伯带。柯伊伯是荷
lán yì měi guó wù lǐ xué jiā tā wán shàn le tiān wén xué jiā ài jí wò sī tí chū de tài yáng
兰裔美国物理学家，他完善了天文学家艾吉沃斯提出的太阳
xì biān yuán cún zài zhe yī gè yóu bīng wù zhì yùn xíng qí zhōng de dài zhuàng qū yù de jiǎ shuō
系边缘存在着一个由冰物质运行其中的带状区域的假说。

hǎi wèi yī shì hǎi wáng xīng zuì dà de wèi xīng dà xiǎo yǔ míng wáng xīng xiāng fǎng kě néng
海卫一是海王星最大的卫星，大小与冥王星相仿，可能
yuán běn chǔ yú kē yī bó dài hòu lái bèi hǎi wáng xīng fú huò
原本处于柯伊伯带，后来被海王星俘获。

huì xīng
彗星

huì xīng chū xiàn shí xíng rú sào zhou yòu jiào sào zhou xīng huì de yì si jiù shì sào zhou
彗星出现时形如扫帚，又叫扫帚星，彗的意思就是“扫帚”。

huì xīng shì tài yáng xì zhōng de yī zhǒng xiǎo xíng tiān tǐ zhǔ yào yóu bīng hé chén āi zǔ chéng huì xīng de zhǔ tǐ zhōng xīn yǒu huì hé hé qí tā xíng xīng yī yàng rào tài yáng gōng zhuàn
彗星是太阳系中的一种小型天体，主要由冰和尘埃组成。彗星的主体中心有彗核，和其他行星一样绕太阳公转。

彗星靠近太阳时，太阳的热量使彗星蒸发，在彗核周围形成朦胧的彗发和一条流线型的彗尾。由于太阳风的压力，彗尾总是冲着与太阳相反的方向。

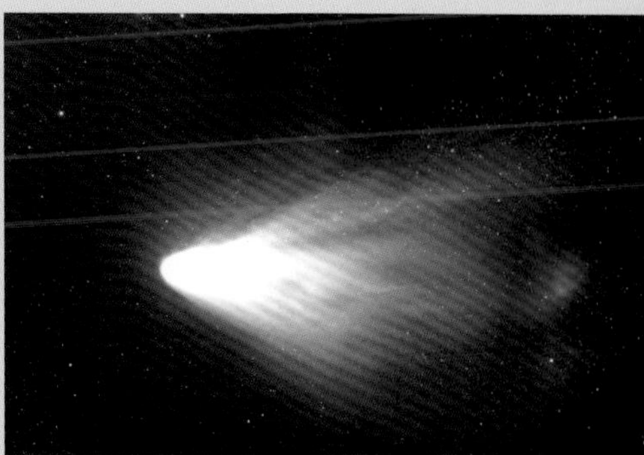

周期彗星是指按周期反复出现的彗星。哈雷彗星是唯一一颗能让人类凭借肉眼观测到的周期彗星，命名源自英国物理学家、天文学家艾德蒙多·哈雷。它每隔大约 76 年回归一次，上一次回归是在 1986 年，下一次回归将在 2061 年。

流星与陨石

liú xīng yǔ yǔn shí

tài kōng zhōng de chén āi hé xì xiǎo wù tǐ chōng rù dì qiú dà qì céng, yǔ dà qì mó cā fā shēng guāng hé rè, zhè zhǒng xiàn xiàng jiào liú xīng. tōng cháng suǒ shuō de liú xīng shì zhǐ zhè zhǒng duǎn shí jiān fā guāng de liú xīng tǐ.

太空中的尘埃和细小物体冲入地球大气层，与大气摩擦发生光和热，这种现象叫流星。通常所说的流星是指这种短时间发光的流星体。

liú xīng bǐ jiào jí zhōng chū xiàn de xiàn xiàng chēng wéi liú xīng yǔ. liú xīng yǔ jù yǒu zhōu qī xìng, yǔ huì xīng yǒu guān, yīn ér kě yǐ xiàng tiān qì yī yàng jìn xíng yù cè.

流星比较集中出现的现象称为流星雨。流星雨具有周期性，与彗星有关，因而可以像天气一样进行预测。

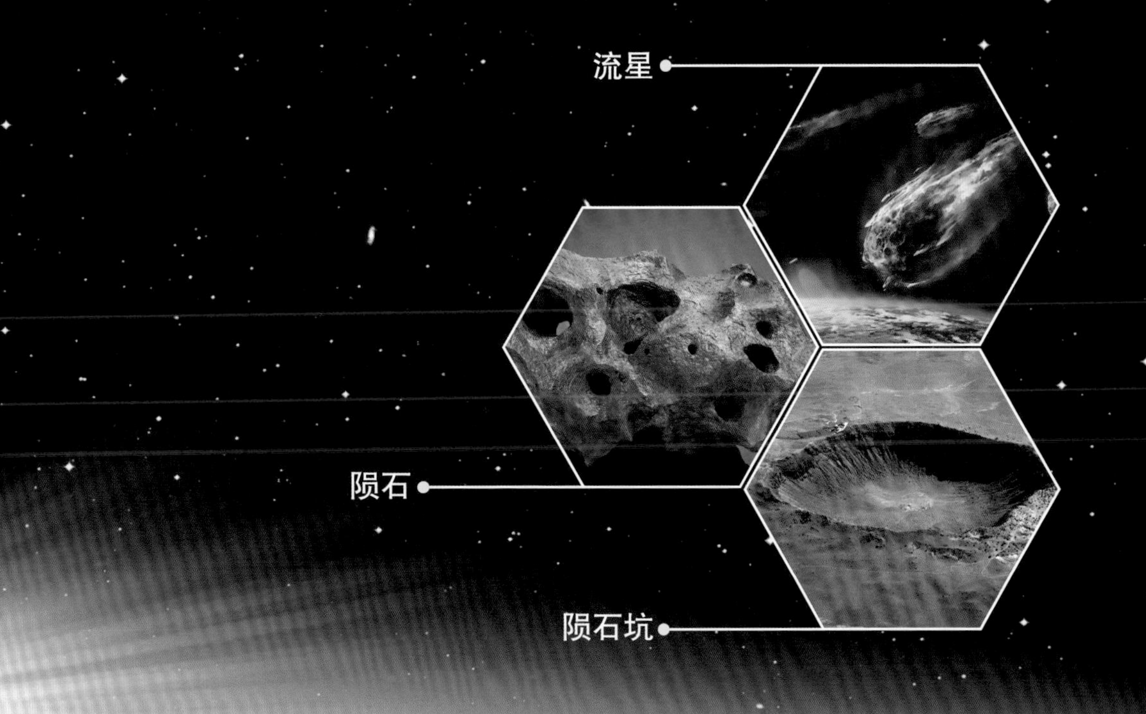

大部分流星会在大气层燃尽。极少数流星体积较大，没能全部烧为灰烬，落到地面变成陨星。石质的陨星叫陨石，铁质的叫陨铁。陨石坑就是陨星撞击的产物。

世界上最大的铁陨石是非洲的霍巴陨石，重约60吨；最大的石陨石是吉林陨石，收集到的陨石碎块总重为2616千克，其中最大的一块为吉林1号陨石，重1770千克。

yǒng bù zhǐ bù de tàn suǒ
永不止步的探索

rén lèi mù qián suǒ zhǎng wò de yī qiè zhī shi dōu lái zì yú
人类目前所掌握的一切知识都来自于
duì yǔ zhòu de sī kǎo yǔ tàn suǒ tàn suǒ yǔ zhòu shì tuī dòng rén lèi
对宇宙的思考与探索，探索宇宙是推动人类
wén míng jìn bù de guān jiàn duì tài kōng de tàn suǒ yuè yuǎn duì dì
文明进步的关键。对太空的探索越远，对地
qiú shēng mìng hé rén lèi de rèn shi yě jiù yuè shēn kè
球、生命和人类的认识也就越深刻。

dāng rén lèi hái chǔ yú méng mèi shí qī de shí hou wǒ men
当人类还处于蒙昧时期的时候，我们
de zǔ xiān jiù duì shén mì de xīng kōng bǎo chí zhe wàng shèng de hào qí
的祖先就对神秘的星空保持着旺盛的好奇
xīn tā men wú fǎ kē xué de jiě shì rì yuè xīng chén de biàn huà
心，他们无法科学地解释日月星辰的变化，
dàn shì tā men xiāng xìn nà lǐ miàn yùn cáng zhe wú jìn de zhì huì xiàn
但是他们相信那里面蕴藏着无尽的智慧。现
zài rén men jiè zhù xiān jìn de kē xué yí qì rèn shi yǔ zhòu de
在，人们借助先进的科学仪器，认识宇宙的
néng lì yǒu le cháng zú de jìn bù tàn suǒ yǔ zhòu hái yǒu kě néng
能力有了长足的进步。探索宇宙还有可能
ràng rén lèi bì miǎn yī xiē zāi nàn xìng shì gù xū zhī dì qiú shì rén
让人类避免一些灾难性事故。须知地球是人
lèi de mǔ qīn dàn tā yě shì rén lèi de qiú lóng
类的母亲，但它也是人类的囚笼。

gǔ rén de yǔ zhòu guān

古人的宇宙观

yǔ zhòu shì shén me yàng zi de gǔ rén zǎo jiù kāi shǐ le sī kǎo hé xiǎng xiàng bìng tí
chū le duō zhǒng xué shuō

宇宙是什么样子的？古人早就开始了思考和想象，并提出了多种学说。

gài tiān shuō rèn wéi tiān jiù xiàng yī gè dǒu lì xíng zhuàng de dà gài zi dì jiù xiàng yī
gè fāng fāng zhèng zhèng de qí pán tiān gài zài dì shang tiān de zhèng zhōng yāng jiù shì běi jí

盖天说认为，天就像一个斗笠形状的大盖子，地就像一个方方正正的棋盘，天盖在地上，天的正中央就是北极。

浑天说认为，天地就像一个浑圆的鸡蛋：地像是蛋黄，浮在半空中；天像是蛋壳，包裹着地。浑天说的代表人物是东汉的张衡。

地心说把地球当作宇宙的中心。盖天说、浑天说都属于地心说。哲学家亚里士多德、天文学家托勒密等都是地心说的支持者。

波兰天文学家哥白尼认为太阳是整个宇宙的中心，写下了《天体运行论》一书，创立了日心说，这是人类宇宙观的一次彻底革命。

yùn zài huǒ jiàn

运载火箭

yùn zài huǒ jiàn shì bǎ
运载火箭是把
rén zào wèi xīng yǔ zhòu fēi
人造卫星、宇宙飞
chuán kōng jiān zhàn kōng jiān
船、空间站、空间
tàn cè qì děng sòng dào yù dìng
探测器等送到预定
guǐ dào de huǒ jiàn huǒ jiàn zì
轨道的火箭。火箭自
shēn xié dài le rán shāo jì hé yǎng
身携带了燃烧剂和氧
huà jì rán shāo jì jiù shì rán
化剂，燃烧剂就是燃
liào yǎng huà jì wèi rán shāo jì de
料，氧化剂为燃烧剂的
rán shāo fǎn yìng gōng yǎng suǒ yǐ huǒ
燃烧反应供氧，所以火
jiàn kě yǐ zài dì qiú wài méi yǒu kōng
箭可以在地球外没有空
qì de dì fang fēi xíng
气的地方飞行。

rán liào zài huǒ jiàn fā dòng jī li rán shāo
燃料在火箭发动机里燃烧
shí huì chǎn shēng dà liàng gāo wēn gāo yā de qì
时，会产生大量高温高压的气
tǐ qì tǐ zài pēn guǎn li huì jīng lì yī gè xiān
体，气体在喷管里会经历一个先
yā suō hòu péng zhàng de guò chéng rán hòu yǐ hěn gāo
压缩后膨胀的过程，然后以很高
de sù dù pēn chū qù zài fǎn zuò yòng lì de tuī
的速度喷出去，在反作用力的推
dòng xià huǒ jiàn jiù néng shēng kōng le
动下，火箭就能升空了。

háng tiān fēi jī
航天飞机

hángtiān fēi jī shì yī zhǒng yǒu rén jià shǐ kě chóng fù shǐ yòng de wǎng fǎn yú tài kōng hé dì miàn zhī jiān de háng tiān qì tā jì néng xiàng yùn zài huǒ jiàn nà yàng bǎ rén zào wèi xīng děng háng tiān qì sòng rù tài kōng yě néng xiàng zài rén fēi chuán nà yàng zài guǐ dào shang yùn xíng hái néng xiàng huá xiáng jī nà yàng zài dà qì céng zhōng huá xiáng zhuó lù

航天飞机是一种有人驾驶、可重复使用的、往返于太空和地面之间的航天器。它既能像运载火箭那样把人造卫星等航天器送入太空，也能像载人飞船那样在轨道上运行，还能像滑翔机那样在大气层中滑翔着陆。

háng tiān fēi jī shì yī gè yóu guǐ dào qì wài zhù xiāng hé gù tǐ huǒ jiàn zhù tuī qì zǔ
航天飞机是一个由轨道器、外贮箱和固体火箭助推器组
chéng de wǎng fǎn háng tiān qì xì tǒng guǐ dào qì shì zhěng gè xì tǒng de hé xīn bù fen rén
成的往返航天器系统。轨道器是整个系统的核心部分，人
men cháng shuō de háng tiān fēi jī yǒu shí yě zhuān zhǐ zhè yī bù fen
们常说的航天飞机有时也专指这一部分。

nián zhōng guó zài rén háng tiān jì huà gōng chéng zhèng shì zhì dìng tí chū le yán
1992年，中国载人航天计划工程正式制定，提出了研
zhì hé yùn xíng yǐ kōng jiān zhàn wéi hé xīn de zài rén háng tiān xì tǒng ér tiān dì wǎng fǎn xì tǒng
制和运行以空间站为核心的载人航天系统，而天地往返系统
què dìng wéi yǔ zhòu fēi chuán jí hòu lái de shén zhōu xì liè yǔ zhòu fēi chuán
确定为宇宙飞船，即后来的神舟系列宇宙飞船。

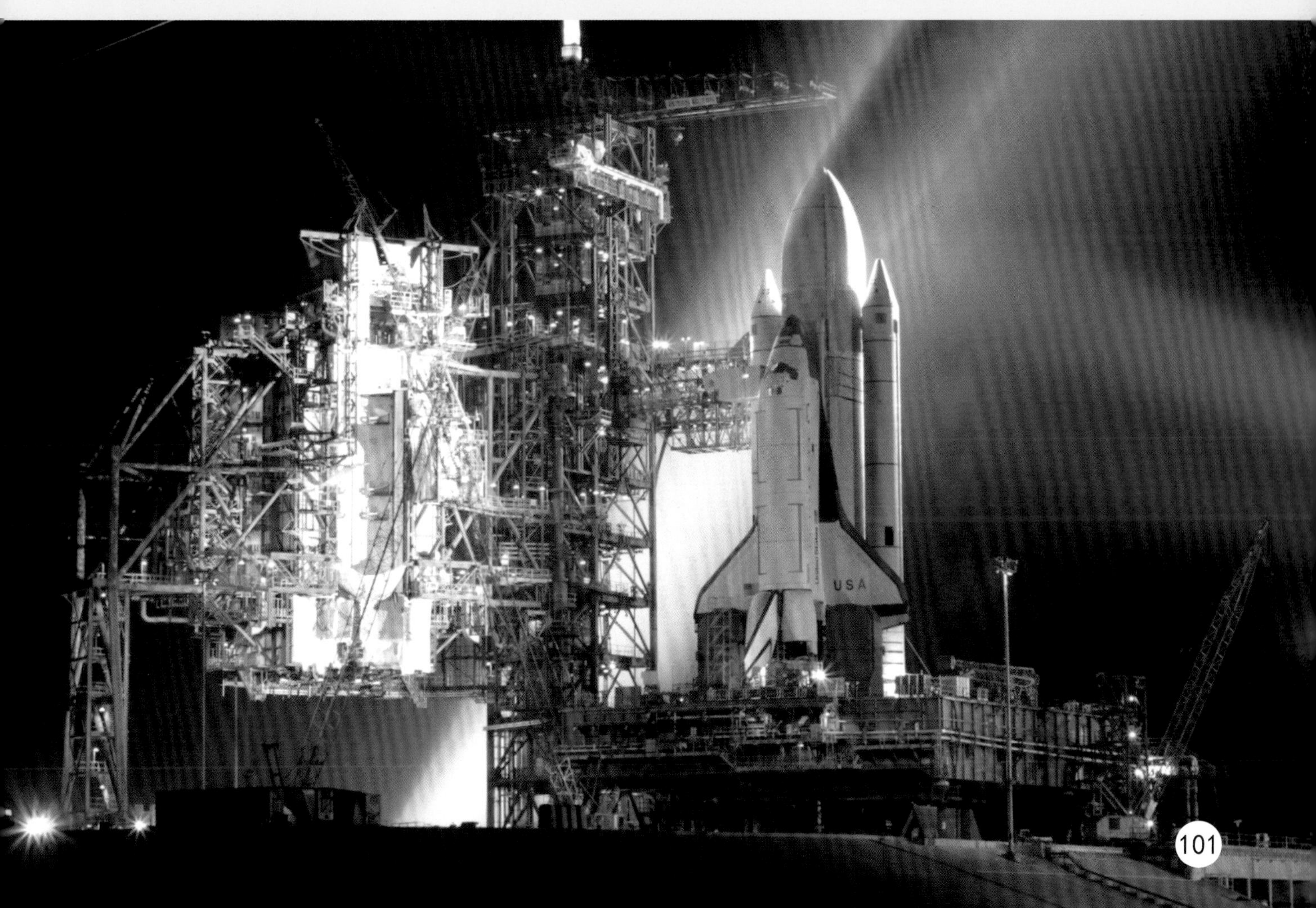

rén zào dì qiú wèi xīng
人造地球卫星

rén zào dì qiú wèi xīng shì zhǐ huán rào dì qiú zài kōng jiān guǐ dào shang yùn xíng yī quān yǐ shàng de wú rén háng tiān qì
人造地球卫星是指环绕地球在空间轨道上运行一圈以上的无人航天器。

nián yuè rì wǒ guó fā shè le dì yī kē rén zào dì qiú wèi xīng míng zi jiào zuò dōng fāng hóng yī hào zhōng guó shì shì jiè shang dì wǔ gè yòng zì zhì huǒ jiàn fā shè guó chǎn wèi xīng de guó jiā
1970 年 4 月 24 日，我国发射了第一颗人造地球卫星，名字叫作“东方红一号”。中国是世界上第五个用自制火箭发射国产卫星的国家。

现代生活中，气象卫星为我们提供每天的天气情况和天气预报，导航卫星为我们指路，通信广播卫星为我们提供远方的信息和广播电视节目。

地球对人造卫星的引力和卫星的离心力保持着一种平衡状态，并且在卫星上装有自旋的稳定装置，还设有自动纠偏系统，当卫星偏离轨道时会马上做出反应，产生推力，让卫星正常运行。

háng tiān yuán de xùn liàn
航天员的训练

háng tiān huó dòng huán jìng tè shū rèn wu jiān jù háng tiān yuán yào jù bèi jiàn kāng de tǐ gé yuān bó de zhī shi gāo chāo de jì néng hé qiáng dà de xīn lǐ sù zhì hái yào jìn xíng yán gé de xùn liàn

航天活动环境特殊、任务艰巨，航天员要具备健康的体格、渊博的知识、高超的技能和强大的心理素质，还要进行严格的训练。

人体离心机是一种巨大的旋转装置，顶上有一条旋转手臂，托着一只不锈钢封闭吊舱，这只吊舱可以剧烈地转动摇摆，模拟太空失重的状态。

飞船进入宇宙空间后，远离人群，与世隔绝，长期的寂寞生活对人的心理、生理都有一定的影响。为此，要对航天员进行隔离训练。隔离室几乎不受任何声响刺激，如同与外界隔绝一样。

航天员要体验一种类似蹦极的训练，这是在模拟飞船返回地球的过程，目的是加强人体的抗冲击力。

kōng jiān zhàn

空间站

kōng jiān zhàn shì yī zhǒng zài dì qiú
空间站是一种在地球
wèi xīng guǐ dào shang háng xíng de zài rén háng
卫星轨道上航行的载人航
tiān qì shè zhì yǒu tōng xìn jì suàn
天器，设置有通信、计算
děng shè bèi néng jìn xíng tiān wén shēng
等设备，能进行天文、生
wù kōng jiān jiā gōng děng fāng miàn de kē
物、空间加工等方面的科
jì yán jiū
技研究。

kōng jiān zhàn jiù xiàng piāo zài wài tài kōng de yī zuò fáng zi yóu duì jiē cāng qì zhá
空间站就像飘在外太空的一座房子，由对接舱、气闸
cāng guǐ dào cāng shēng huó cāng fú wù cāng shí yàn cāng kē xué yí qì cāng děng zǔ
舱、轨道舱、生活舱、服务舱、实验舱、科学仪器舱等组
chéng wài miàn hái yǒu tài yáng néng diàn chí bǎn zǔ chéng de chì bǎng rén men zhǐ xū yào yòng
成，外面还有太阳能电池板组成的“翅膀”。人们只需要用
háng tiān fēi jī bǎ háng tiān yuán sòng dào zhè lǐ jiù xíng le
航天飞机把航天员送到这里就行了。

sū lián hé píng hào kōng jiān zhàn shì zài tài kōng zhōng gōng zuò shí jiān zuì cháng jiē
苏联“和平号”空间站是在太空中工作时间最长、接
dài háng tiān yuán zuì duō de kōng jiān zhàn nián fā shè chéng gōng de tiān gōng yī hào
待航天员最多的空间站。2011年发射成功的“天宫一号”
shì wǒ guó shǒu gè mù biāo fēi xíng qì hé kōng jiān shí yàn shì shì wǒ guó kōng jiān zhàn jiàn shè de
是我国首个目标飞行器和空间实验室，是我国空间站建设的
qǐ diǎn
起点。

tài kōng xíng zǒu

太空行走

háng tiān yuán lí kāi háng tiān qì zài cāng wài de jìn dì kōng jiān jìn xíng huó dòng chēng wéi tài kōng xíng zǒu zhè zhǒng huó dòng míng wéi xíng zǒu shí jì shàng hěn shǎo yòng tuǐ duō shì yòng shǒu zhuā zhù fú shǒu huò zài jī xiè zhuāng zhì de bāng zhù xià yí dòng shēn tǐ

航天员离开航天器，在舱外的近地空间进行活动，称为太空行走。这种活动名为“行走”，实际上很少用腿，多是用手抓住扶手或在机械装置的帮助下移动身体。

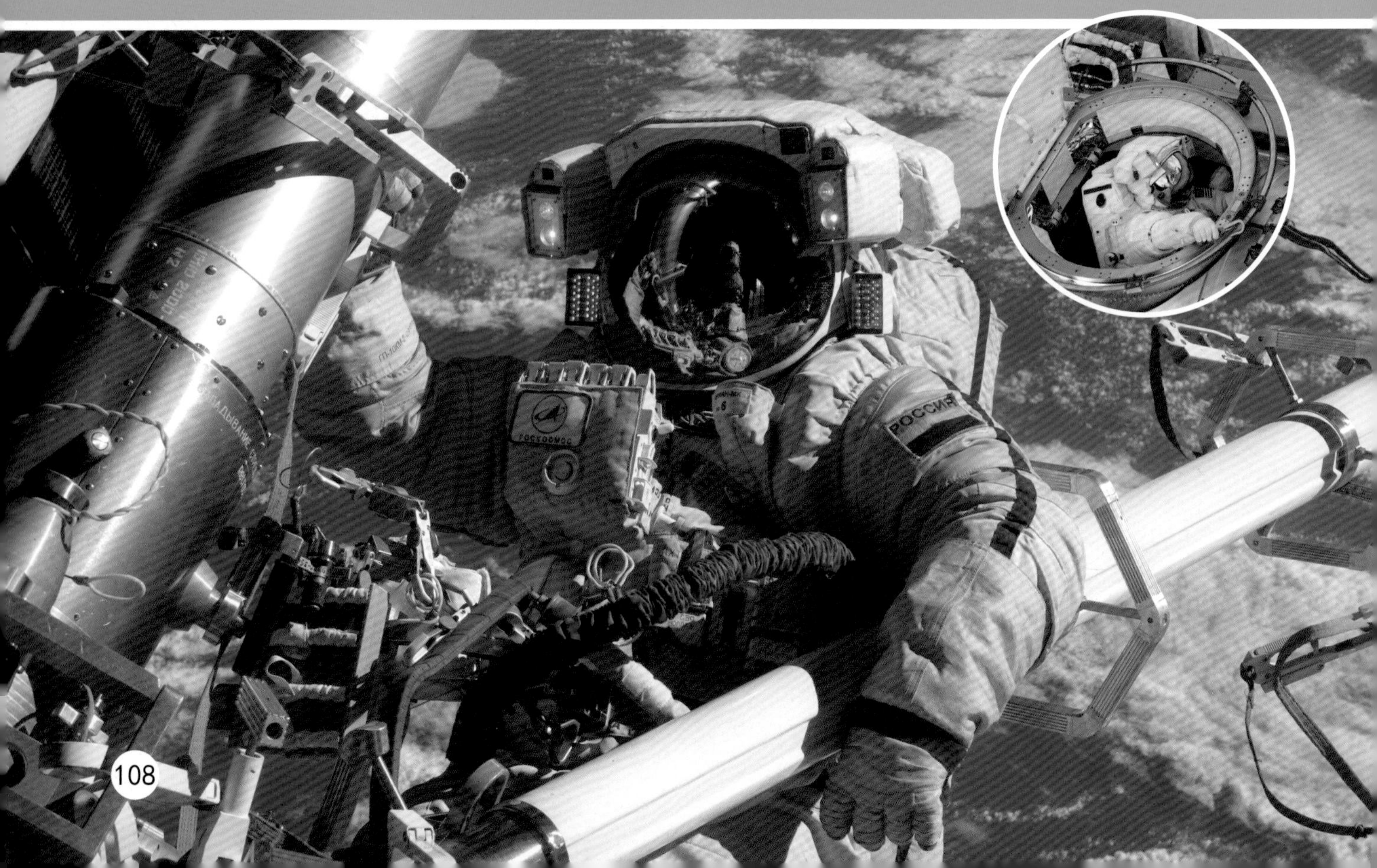

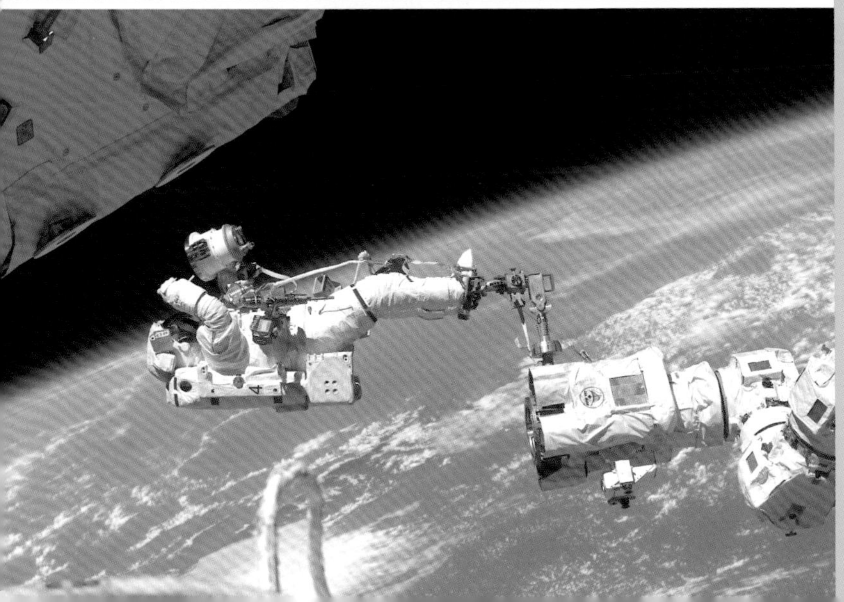

tài kōng xíng zǒu fēn wéi
太空行走分为
qí dài shì hé zì zhǔ shì
脐带式和自主式。
shǒu cì tài kōng xíng zǒu wéi qí dài
首次太空行走为脐带
shì yě jiù shì háng tiān yuán hé
式，也就是航天员和
háng tiān qì zhī jiān lián zhe yī gēn
航天器之间连着一根
qí dài shì de shéng suǒ
“脐带”似的绳索，
háng tiān qì tōng guò zhè gēn qí
航天器通过这根“脐
dài wèi háng tiān yuán shū sòng yǎng
带”为航天员输送氧
qì hé tōng xùn xìn hào děng mù
气和通讯信号等。目
qián de tài kōng xíng zǒu dà duō cǎi
前的太空行走大多采
yòng zì zhǔ shì bù jì qí
用自主式，不系脐
dài yóu háng tiān yuán zì jǐ xié
带，由航天员自己携
dài shēng mìng bǎo zhàng xì tǒng
带生命保障系统。

登月

1969年，美国“阿波罗11号”飞船登月成功。阿姆斯特朗是第一位登上月球的航天员，他在月球上留下了人类的第一个脚印，并留下了一句传颂后世的名言：“这是人的一小步，却是人类的一大步。”

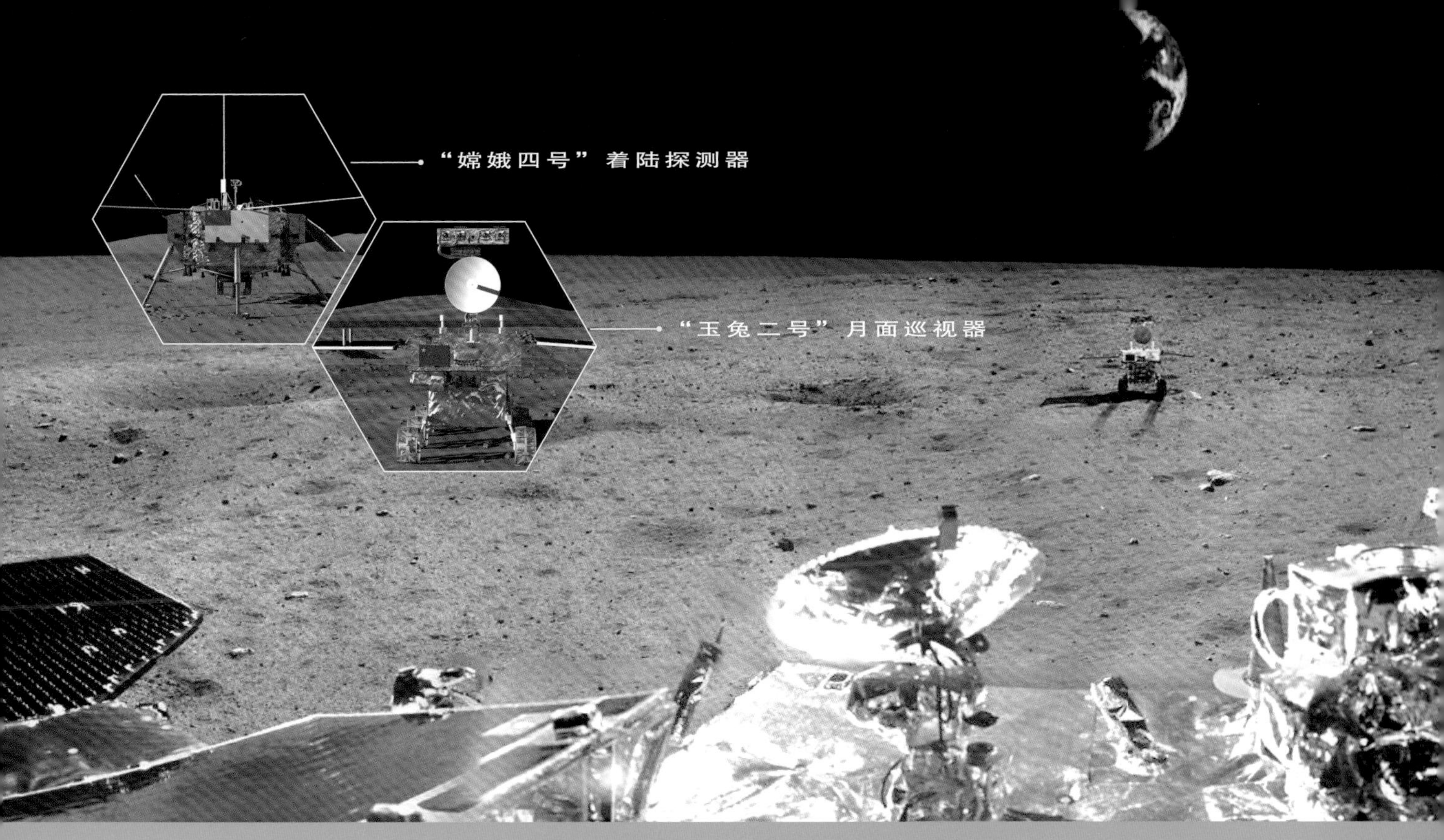

2013年，中国的“嫦娥三号”探测器在月面软着陆，成为中国第一个在月球软着陆的无人探测器。着陆地点周边区域被命名为“广寒宫”。

“嫦娥三号”由着陆探测器和月面巡视器组成，月面巡视器是一台月球车，名为“玉兔号”。

2019年1月，“嫦娥四号”成功在月球背面着陆，随后，月球车“玉兔二号”到达月面，进行巡视探测，并成功完成任务。

tiān wén wàng yuǎn jìng

天文望远镜

shè diàn bō shì lái zì yǔ zhòu zhōng de diàn cí bō tōng guò jiē shòu shè diàn bō lái guān cè
射电波是来自宇宙中的电磁波，通过接受射电波来观测
hé yán jiū tiān tǐ de shè bèi chēng wéi shè diàn wàng yuǎn jìng
和研究天体的设备称为射电望远镜。

nián wǒ guó zài guì zhōu shěng jiàn chéng le yī zuò kǒu jìng mǐ de shè diàn
2016年，我国在贵州省建成了一座口径500米的射电
wàng yuǎn jìng chēng wéi tiān yǎn zhè yě shì dāng jīn shì jiè zuì dà dān kǒu jìng zuì líng
望远镜，称为“天眼”，这也是当今世界最大单口径、最灵
mǐn de shè diàn wàng yuǎn jìng
敏的射电望远镜。

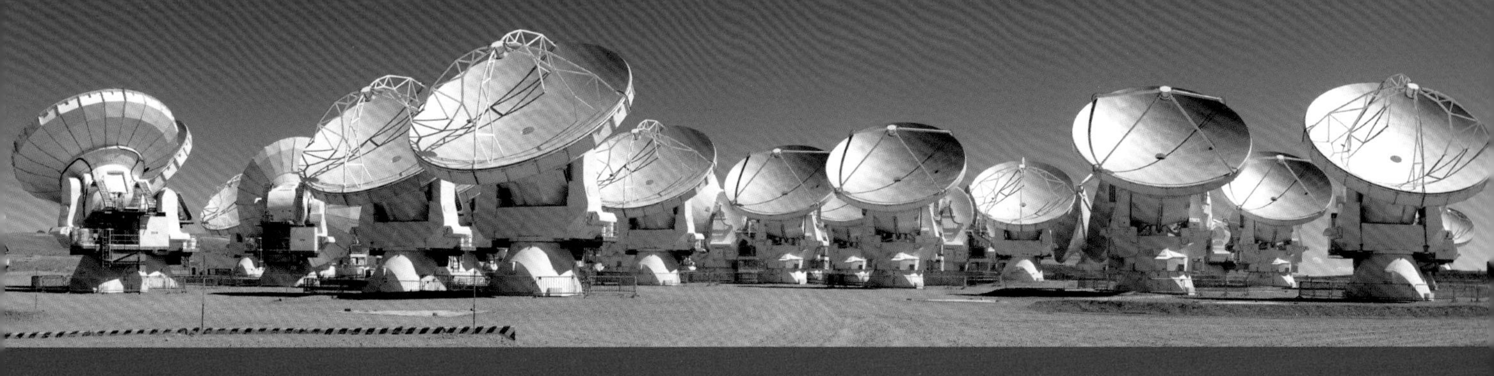

ā tǎ kǎ mǎ dà xíng háo mǐ bō tiān xiàn zhèn wèi yú zhì lì shì yóu miàn shè diàn
阿塔卡玛大型毫米波天线阵位于智利，是由64面射电
wàng yuǎn jìng zǔ chéng de dà xíng shè diàn wàng yuǎn jìng zhèn liè
望远镜组成的大型射电望远镜阵列。

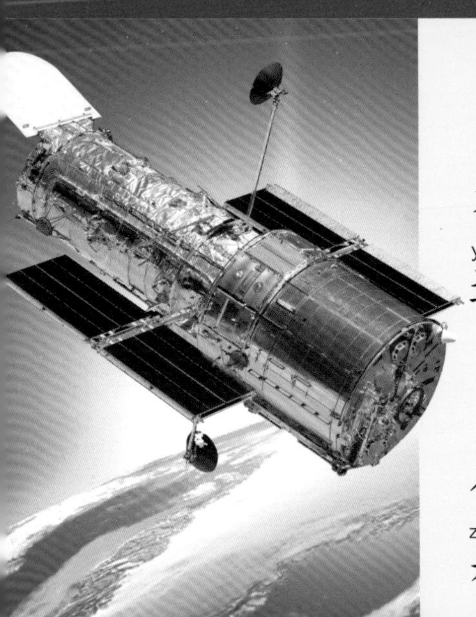

tōng guò dì miàn wàng yuǎn jìng guān cè tài kōng zǒng huì shòu dào
通过地面望远镜观测太空，总会受到
dà qì céng de yǐng xiǎng wèi cǐ rén men fā shè le kōng jiān wàng
大气层的影响，为此，人们发射了空间望
yuǎn jìng
远镜。

hā bó kōng jiān wàng yuǎn jìng yóu měi guó yǔ háng jú yán zhì
哈勃空间望远镜由美国宇航局研制，
zài tài kōng zhàn pāi xià le xīng xì bào zhà xīng xì pèng zhuàng děng gè
在太空站拍下了星系爆炸、星系碰撞等各
zhǒng jīng xīn dòng pò de zhuàng lì jǐng xiàng
种惊心动魄的壮丽景象。

zhān mǔ sī wéi bó kōng jiān wàng
詹姆斯·韦伯空间望
yuǎn jìng shì hā bó tài kōng wàng yuǎn jìng de
远镜是哈勃太空望远镜的
jì rèn zhě gèng dà gèng jīng mì
继任者，更大、更精密，
néng kān cè dào gèng yuǎn de tài kōng
能勘测到更远的太空。

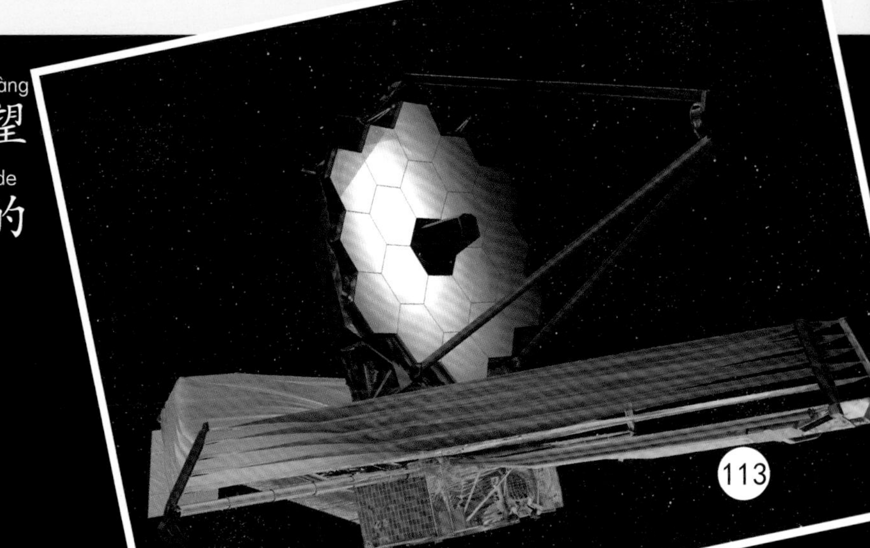

tài kōng shēng huó

太空生活

háng tiān yuán zài háng tiān fēi jī hé kōng jiān zhàn shang de huó dòng, yǔ dì miàn shang de rén dà bù xiāng tóng

航天员在航天飞机和空间站上的活动，与地面上的人大不相同。

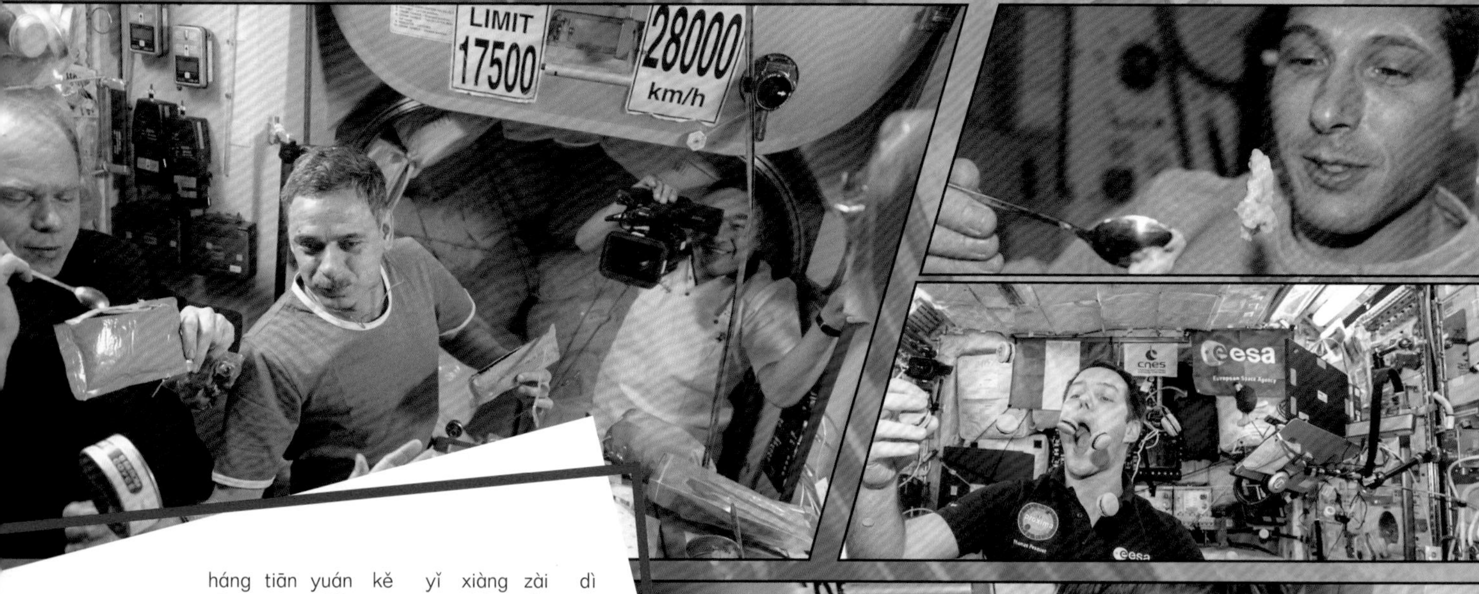

háng tiān yuán kě yǐ xiàng zài dì miàn shang yī yàng bǎ shí wù sòng rù kǒu zhōng, yě kě yǐ "fēi" guò qù yòng zuǐ yǎo zhù shí wù

航天员可以像在地面上一样把食物送入口中，也可以“飞”过去用嘴咬住食物。

háng tiān yuán yào jìn xíng
航天员要进行
kē xué shí yàn gù zhàng wéi
科学实验、故障维
xiū děng gōng zuò cè liáng zì
修等工作。测量自
shēn de xuè yā tǐ wēn děng
身的血压、体温等
zhǐ biāo bìng xiàng dì qiú huì
指标，并向地球汇
bào zhè yě shì gōng zuò de
报，这也是工作的
yī bù fen
一部分。

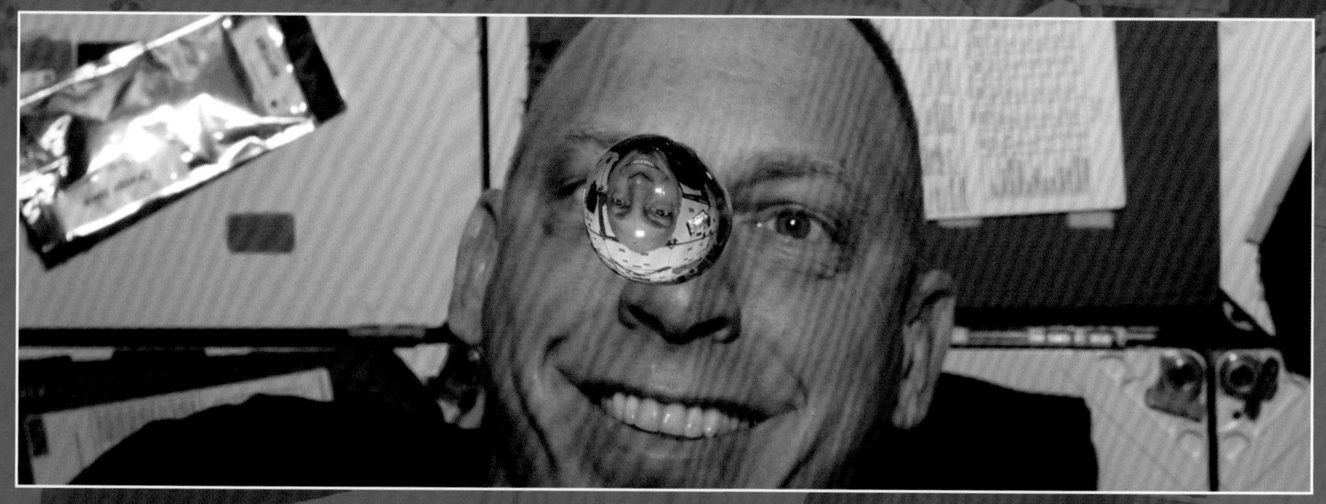

tài kōng li de shuǐ fēi cháng bǎo guì xǐ
太空里的水非常宝贵，洗
liǎn tōng cháng zhǐ shì yòng shī máo jīn cā yi cā
脸通常只是用湿毛巾擦一擦。
xǐ tóu fa de shí hou bǎ xǐ fà lù hé shuǐ
洗头发的时候，把洗发露和水
jǐ zài tóu fa shang róu cuō hòu yòng máo jīn cā
挤在头发上，揉搓后用毛巾擦
gān ér bù shì yòng shuǐ chōng
干，而不是用水冲。

háng tiān yuán yào jīng cháng jìn xíng tǐ yù duàn liàn
航天员要经常进行体育锻炼，
yǐ bì miǎn gǔ zhì shū sōng jī ròu wěi suō
以避免骨质疏松、肌肉萎缩。

shǐ yòng shuì dài shí shuì dài yào gù dìng bì
使用睡袋时，睡袋要固定，避
miǎn piāo qǐ lái sì chù luàn fēi zhuàngshāngháng tiān yuán
免飘起来四处乱飞，撞伤航天员。

深空探测

深空探测是指脱离地球引力场，进入太阳系空间和宇宙空间的探测。美国、苏联、欧洲航天局及日本等先后发射了100多个行星探测器，既有发向月球的，也有发向金星、水星、火星、木星、土星、海王星和天王星等各大行星的。

美国发射了旅行者一号和旅行者二号两艘探测器。这两艘探测器都携带了有人类信息的金唱片，目前仍然在向着太阳系的边缘进发。

金唱片被称为“地球之音”，包括人类用 60 种语言向外星人发出的问候、各类照片、图表、世界著名乐曲等。